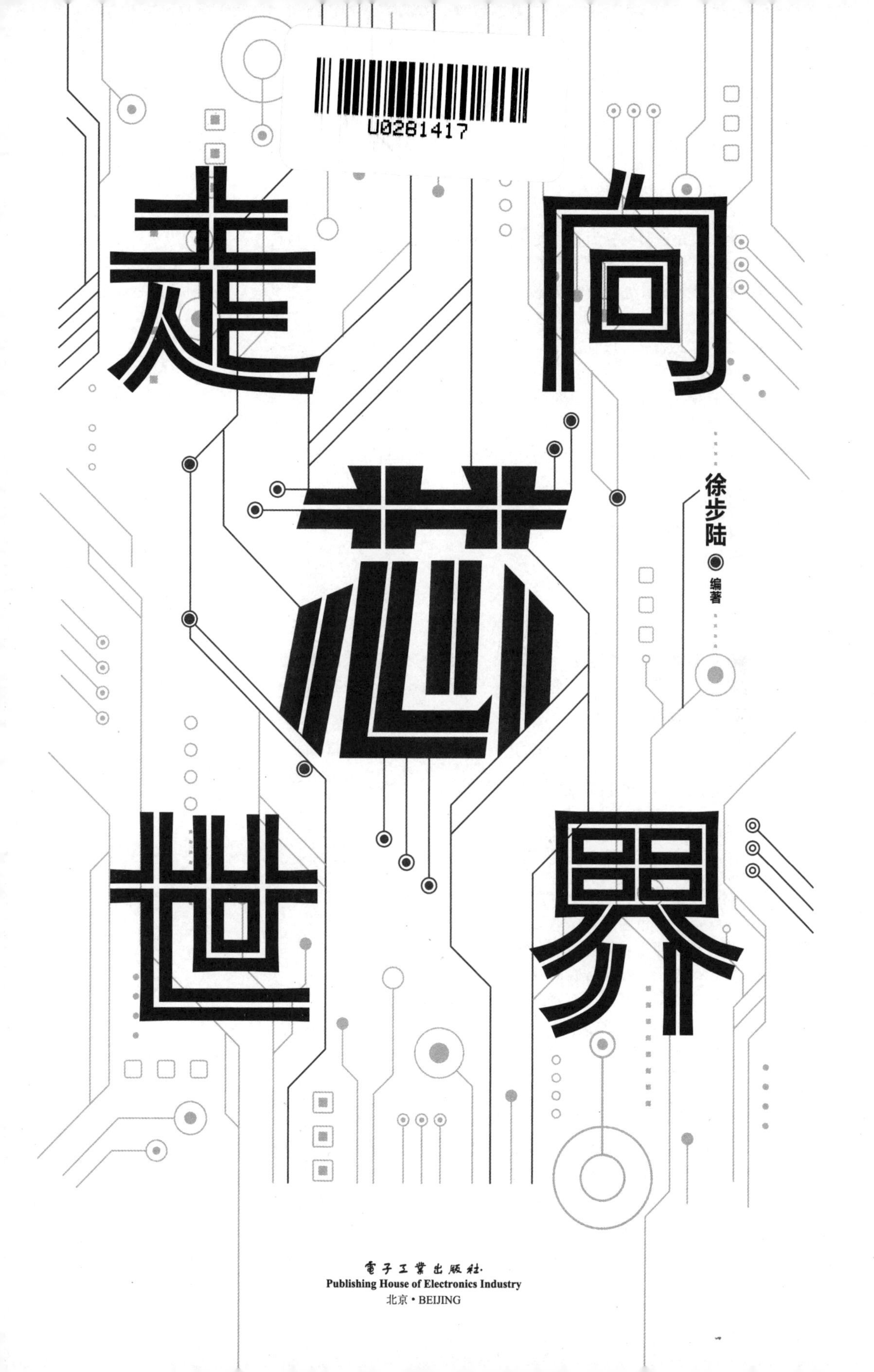

走向芯世界
徐步陆 编著
電子工業出版社
Publishing House of Electronics Industry
北京·BEIJING

内 容 简 介

本书按知识谱系分为芯片设计、制造、封测、软件工具、材料装备、产业投资、企业运营，以及政策规划等十大类、近百个小专题。在知识全面覆盖产业链的同时，对芯片设计作为产业“龙头”、处理器作为芯片之“冠”、EDA 作为设计之“笔”、光刻机作为装备之“巅”、鳍式场效应晶体管（FinFET）作为制造之“拱门”、科创板芯片概念等产业重点、技术卡点和社会热点，进行“庖丁解牛”式的融贯，达到化繁为简、以微知著地普及和传播芯片知识的目的。

本书内容详细，兼具全面性和系统性、科学性和趣味性、开放性和可读性，可作为集成电路和电子信息专业读者的入门读物，对于各级政府主管部门，投融资行业和社会各界对集成电路行业感兴趣的读者来说，本书也具有非常好的科普价值。

图书在版编目（CIP）数据

走向芯世界/徐步陆编著. —北京：电子工业出版社，2023.1

ISBN 978-7-121-44826-3

Ⅰ. ①走…　Ⅱ. ①徐…　Ⅲ. ①芯片－普及读物　Ⅳ. ①TN43-49

中国国家版本馆 CIP 数据核字（2023）第 001071 号

责任编辑：钱维扬
印　　刷：三河市君旺印务有限公司
装　　订：三河市君旺印务有限公司
出版发行：电子工业出版社
　　　　　北京市海淀区万寿路 173 信箱　邮编：100036
开　　本：720×1000　1/16　印张：11.5　字数：193.2 千字
版　　次：2023 年 1 月第 1 版
印　　次：2023 年 8 月第 4 次印刷
定　　价：68.00 元

凡所购买电子工业出版社图书有缺损问题，请向购买书店调换。若书店售缺，请与本社发行部联系，联系及邮购电话：（010）88254888，88258888。

质量投诉请发邮件至 zlts@phei.com.cn，盗版侵权举报请发邮件至 dbqq@phei.com.cn。

本书咨询和投稿联系方式：（010）88254459，qianwy@phei.com.cn。

序言

科技是第一生产力，人才是第一资源，创新是第一动力。目前各大国都把芯片作为战略性产业支撑国家发展与竞争，颇为需要一本全面、易懂的科普读物，来满足社会不同层面、不同人群了解半导体、集成电路行业的迫切需求。半导体、集成电路行业也需要更多的英才献身和投入。《走向芯世界》站在全局立体视角，从产业链整体角度，对国内外集成电路发展的来龙去脉、未来的走向趋势进行了概括，对芯片设计、制造、封测、装备材料、EDA、IP 等诸多产业分支，结合 CPU 处理器、鳍式场效应晶体管（FinFET）、光刻机等典型产品和代表性企业，逐章进行了深入浅出的介绍，同时也叙及了政策规划、投融资体系、人才建设、知识产权、国际合作等产业环境。

本书编著者所在的上海硅知识产权交易中心，也是中国半导体行业协会知识产权工作部，宣传普及行业知识是其份内工作之一。本书入选了工业和信息化部电子司与中国工信出版传媒集团牵头合作的“集成电路知识赋能工程”，希望本书对鼓励集成电路产业各领域创新、助力芯片行业发展起到积极作用。

中国半导体行业协会首任秘书长

徐小田

2022年10月于北京

前 言

走向“芯”世界。

走向芯片的物理世界，走向芯片的产业天地。

本书从四个方面介绍“芯”世界。一是探究芯片的前世今生和未来趋势。第 1 章结合“科创板风口上的中国芯片行业”等当前社会热点，对集成电路方方面面做整体性的介绍。二是探查芯片的“秘密”，芯片的工作原理是什么，“黑壳子”里面有什么？其中第 2 章介绍集成电路中的半导体器件，第 5 章和第 7 章分别介绍数字集成电路和模拟集成电路的基础知识。三是探讨芯片产业链的各个环节和关联性以及有代表性的产品，其中第 3、4 章分别介绍一些有代表性的基础工艺和制造工艺，第 6 章介绍存储器的设计，第 8 章介绍电子设计自动化软件 EDA，第 9 章阐述封测技术与可靠性。四是探索芯片产业发展的规律和芯片对社会发展不可替代的支撑作用。第 10 章结合芯片发展的一些热点，探讨人工智能、汽车电子、硅知识产权、人才教育、资本政策等话题。

本书是一本团队合作的科普性质入门级通俗读物，其初衷是帮助不太具备芯片专业背景的各行各业人士快捷、轻松地了解芯片知识。在数字经济时代，本书的编写是对芯片知识普及的一次尝试和探索，因此我们也得到了工业和信息化部电子司与中国工信出版传媒集团牵头合作的“集成电路知识赋能工程”的无私支持。为了在近百个短短数百字的小段落中，说清楚林林总总的“芯”世界，本书可能损失了若干概念和技术的精准描述，化繁为简，以求在表达上生动形象、活泼易懂。

为了更形象地说明书里面的内容，编著者与上海教育出版社和科学声音自媒体联盟联合制作了《大话集成电路》系列百秒小视频，大家可以配合本书观看学习；或者浏览编著者所在单位上海硅知识产权交易中心开发的“上海市集成电路高技能人才培养基地集成电路设计培训课程”，获得有关对集成电路知识更全面、科学的介绍。上述数字资源均可扫描以下二维码免费获取：

本书在描述历史、事实时参考了网站公开资料和有关单位成果，由于本书覆盖面十分广泛，可能因疏漏没有一一列出，在此特对前人的工作和贡献致以崇高谢意。教育、科技、人才密不可分。最后，对中国半导体行业协会的前辈徐小田先生二十年来所给予的关心和帮助，对电子工业出版社的柴燕社长和钱维扬编辑等在出版中的鼓励和支持，表示衷心的感谢。

编著者

目 录

第1章
一颗奔腾的心：集成电路面面观

集成电路的发明：微观世界真奇妙

集成电路是20世纪50年代后期至60年代发展起来的一种新型半导体器件。它是经过氧化、光刻、扩散、外延、蒸铝等半导体制造工艺，把构成具有一定功能的电路所需的晶体管、电阻、电容等元器件及它们之间的连接导线全部集成在一小块硅片上，并且焊接封装在一个管壳内的电子器件。封装外壳有圆壳式、扁平式和双列直插式等多种形式。

1947年12月23日，第一块晶体管在贝尔实验室诞生。从此，人类步入电子时代。彼时，工程师们虽然因为晶体管的发明而备受鼓舞，开始尝试设计高速计算机，但由晶体管组装的电子设备还是太笨重了，工程师们设计的电路需要几英里长的线路和上百万个的焊点组成，建造它的难度可想而知。至于个人拥有计算机，更是一个遥不可及的梦想。在晶体管发明10年后的1958年，34岁的青年工程师杰克·基尔比加入美国德州仪器公司后提出了一个大胆的设想：能不能将电阻、电容、晶体管等电子元器件都安置在一个半导体单片上？这样整个电路的体积将会大大缩小，于是这个新来的工程师开始尝试制作一种叫作相移振荡器的简易集成电路。1958 年 9 月 12 日，基尔比成功实现了把电子元器件集成在一块半导体材料上的构想，基于锗基材料制作了一个相移振荡器的简易集成电路，并于 1959 年 2 月申请了“小型化的电子电路”的专利（专利号：US3138743）。

1959 年 7 月，美国仙童半导体公司（简称仙童公司）的罗伯特•诺伊斯利用一层氧化膜作为半导体的绝缘层，制作出使元件和导线连为一体的铝条连线，发明了硅基集成电路，并于 1959 年 7 月申请了“半导体器件——连接结构”的专利（专利号：US2981877）。诺伊斯主导发明的硅基集成电路开启了半导体芯片行业的新时代。这些可商业化生产的硅芯片，使半导体产业进入了“商用时代”。不仅如此，诺伊斯还与他人共同创办了两家硅谷最伟大的公司：第一家是仙童公司，被誉为半导体工业的摇篮、集成电路的“黄埔军校”；第二家是科技界闪耀的明星英特尔（Intel）公司。英特尔公司直到今天仍然代表着集成电路领域最先进的技术，引领着微电子行业的发展方向。

颇具戏剧性的是，基尔比申请专利在先，但是获得批准在后；而诺伊斯的专利申请在后，批准在先。一段时间内，德州仪器和仙童公司为争夺集成电路发明权产生诉讼。而实际上，基尔比和诺伊斯两人的研究互相独立，而且制造方法不同。专利讲求的是新颖性、创造性和实用性。就历史时间而言，基尔比的锗基集成电路是第一块集成电路；但是在集成电路发展过程中，硅基集成电路更早投入商用，更加普遍，而且取得了绝对辉煌的成就，因此诺伊斯发明的价值不言而喻。后来在 1966 年，基尔比和诺伊斯同时被富兰克林学会授予巴兰丁奖章。基尔比被誉为“第一块集成电路的发明家”，而诺伊斯被誉为“提出了适合工业生产的集成电路理论的人”。

在半导体（和集成电路）的发明史上，前后还有几个里程碑值得铭记：

真空三极管的发明

1906 年，美国科学家李•德福雷斯特发明了真空三极管。真空三极管的出现是电子科学技术史上一件划时代的大事，它推动了无线电技术的迅猛发展，并奠定了近代电子工业的基础。

晶体管的发明

1947 年，贝尔实验室的 3 位科学家——威廉·肖克利、约翰·巴丁和沃尔特·布拉顿发明了一个由锗材料制成的电子放大器件。这个器件不但具备电子管的功能，而且同时具备体积小、质量轻、能耗低、寿命长等优点，该器件被命名为晶体管。

晶体管的发明是电子技术史上具备划时代意义的事件，它奠定了现代电子技术的基础，揭开了微电子技术和信息化的序幕，开创了一个崭新的时代——硅时代。

CMOS 后集成电路时代

1963 年，仙童公司的 Frank Wanlass 发明了互补–金属–氧化物半导体（CMOS）电路。到了 1968 年，美国无线电公司一个由亚伯·梅德温领导的研究团队成功研发了第一个 CMOS 集成电路。CMOS 工艺由于具备静态功耗低、适合电源电压宽度大和抗干扰能力强等优点，迅速成为主流的集成电路生产工艺，并延续至今。CMOS 工艺、光刻机、离子注入机等技术的发展，推动集成电路技术从大规模发展到超大规模，也打开了人类改造世界的新窗户。

集成电路发展的动力

摩尔定律驱动

与大多数行业发展“听天由命”不同，半导体行业发展速度是“有据可测”的，这就是大名鼎鼎的“摩尔定律”：每 18 个月，集成电路晶体管数量就会增加一倍。1965 年提出的“摩尔定律”是一个技术预测，并非自然科学定律，但它的确准确地揭示了信息技术的进步速度。如果汽车行业技术也参照这个速度，则当代汽车几年前的时速应该能达到每小时 48 万公里，1 加仑(约 3.8 升)汽油可以跑 320 多万公里。然而这种高速的创新，在半导体行业的确发生了，而且保持了半个多世纪依然有效。这种高速的技术发展使得世界排名前十名的半导体公司经常发生变化。在过去的 50 年里，行业前十名中一半以上的公司已经从榜单中消失。

前十名公司“花无百日红”、不断更迭的原因何在？对应摩尔定律，集成电路技术 10 年一大变。20 世纪 50 年代是硅晶体管取代锗晶体管的 10 年，60 年代是双极型集成电路，70 年代是 MOS 存储器，80 年代是 MOS 微处理器，90 年代是集成了嵌入式微处理器的 SoC；21 世纪初则是多核、异构时代。每个 10 年，都有主导技术革新的新公司涌现，争唱主角。因此，在过去几十年里，一些公司逐渐淡出榜单前十，另求新路，而新技术也给企业和人才带来裂变和聚变的新机会，产品也更加优质低价。近些年，单个半导体晶体管成本平均每年下降 30%以上。

终端应用驱动

随着消费类电子产品需求日渐饱和，半导体行业的增长将趋于平缓。然而，许多新兴领域将为半导体行业带来充分的机遇，特别是汽车和人工智能的半导体应用。德勤和 Gartner 的研究报告显示，汽车电子和工业电子将成为半导体行业增长最迅速的两大领域，来自消费电子、数据处理电子和通信电子的收入将稳定增长，如图 1-1 所示。

未来 10 年，自动化、电气化、数字互联和安防系统的发展，将推动汽车电子设备和子系统中半导体元器件的数量不断增长。微控制单元、传感器和存储器等汽车半导体设备需求激增，汽车半导体供应商将因此获益。即使在今天，汽车半导体元器件的成本也达到了每辆车600美元。人工智能领域算力芯片市场竞争激烈，不但在应用层面，在半导体芯片层面不同体系架构亦在相互角逐。出于提升效率、降低成本的考虑，人工智能芯片在数据中心的应用持续增长，云技术将成为人工智能芯片的最大市场。纵观历史，每当出现新兴应用，半导体行业就会出现爆发式增长。它在过去 60 年如此，未来也将保持同样的发展态势，它也将推动芯片在未来新兴应用市场中的发展浪潮。

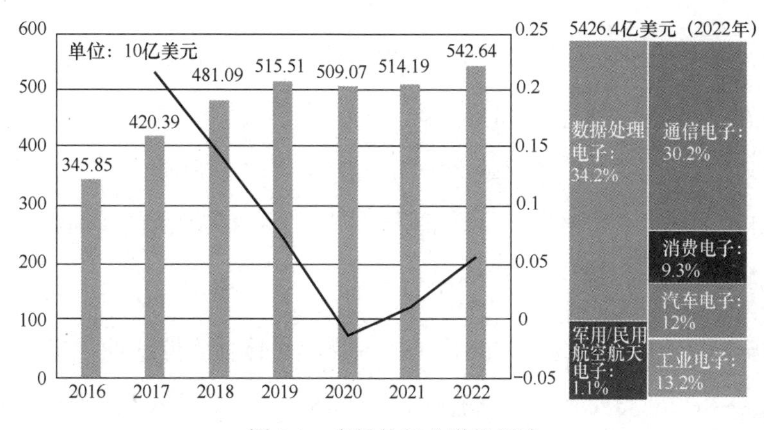

图 1-1　半导体行业增长领域

数据来源：Gartner，德勤分析

并购整合

和多数行业一样，芯片公司做大做强也有多种成长道路：（1）专精主业，持续迭代产品，实现技术、价值和竞争力的提升；（2）产品系列化、多元化，提升横向发展空间；（3）业务领域向上下游拓展延伸，提升纵向横向发展空间。在这个过程中，企业除自然增长外，并购重组是最主要的手段之一。历史上半导体行业的并购从未停止过，排名在前的半导体企业无一不是收购兼并的行家。并购重组整合，消除了不必要的重复研发和低层次竞争，产生的规模效益带来了芯片工业发展所需要的人才、市场、产能和品牌等市场要素。过去数年间全球每年半导体的并购资金大都在250～1000亿美元之间。企业只有具备足够大的经济体量，才能维持巨额的研发与设备投入。一个参考的数字是：2021年全球半导体公司的研发支出总计达到 714 亿美元，其中最多的一家研发支出就达到152亿美元。

再议神奇的摩尔定律

摩尔定律是英特尔创始人之一的戈登·摩尔于1965年在《让集成电路填满更多的元件》的观察评论报告里提出的。其观点是："集成电路上可以容纳的晶体管数目每经过大约 24 个月便会增加一倍"。它可以延伸出"微处理器的性能每隔 18 个月提高一倍，而价格下降一半""用一美元所能买到的计算机性能，每隔18个月翻两番"等论断。

美国半导体行业协会在 2001 年的国际半导体技术路线图（International Technology Roadmap for Semiconductors，ITRS）中引用了摩尔的论点，并将其延续至2020年。这份路线图指出，自1965年摩尔定律提出以来的近40多年来，CMOS 集成电路的最小器件尺寸按等比例缩小持续发展速率已经有所降低，国际半导体界对于后摩尔时代集成电路的发展也开展了热烈的讨论和预测。2005年ITRS提出，为了集成电路的进一步发展，要开展新兴材料、新型器件、新工艺技术和摩尔定律以外的扩展摩尔定律（More than Moore）的研究，2007年更加明确了今后3个发展方向。

延续摩尔定律（More Moore）：继续以等比例缩小CMOS器件的工艺特征尺寸、提高集成度和通过新材料的运用、器件结构的创新来改善电路的性能。集成各种存储器、微处理器、数字信号处理和逻辑电路等，继续以信息处理数字电路为主发展数以亿计以上晶体管的系统级芯片即单片系统（SoC）技术。

扩展摩尔定律（More than Moore）：将以系统级封装（SiP）为代表的功

能多样化道路列为半导体技术发展的新方向，着眼于增加系统集成的多种功能，而不是过去一直追求的缩小特征尺寸和提高器件密度，也就是将数字和非数字功能、硅和非硅材料与器件、CMOS 和非 CMOS 电路等光电传感器、MEMS 甚至生物芯片等集成在一个封装内，完成 SoC 不能实现的复杂功能和特定的封装级子系统或系统。这一发展方向将导致电子学系统的革命性变化。

超越 CMOS（Beyond CMOS）：探索新原理、新材料和器件与电路的新结构向着纳米、亚纳米和多功能化器件方向发展，发明和简化新的信息处理技术以取代面临极限的 CMOS 器件，发展自旋电子、单电子、量子、分子和单原子器件新应用等。晶体管架构显然会继续演变创新，在材料上也有很多革新，包括平面二维半导体材料和一维碳纳米管（Carbon Nanotube，CNT）等。基于上述方向研究的材料和器件主要用来满足电路的高性能和特殊功能的要求。

目前看，这些发展发向都已成为科学研究热点，而且还在不断地演绎、进化。

集成电路产业有多大

根据世界半导体贸易统计组织（WSTS）数据，2021 年世界半导体销售额达到 5559 亿美元。2021 年中国集成电路产值首次超过 1 万亿元人民币，达到 10458 亿元，其中设计业 4519 亿元，封测业 2763 亿元，制造业 3176 亿元。目前在全球范围内按芯片企业总部所在地统计市场占有率：美国 47%，韩国 20%，欧洲 10%，日本 10%，中国 12%（其中台湾 7%，大陆 5%）。因此，我们可以看到全球芯片产业布局有如下特点：

美国主导和引领着全球集成电路产业

美国是全球最大的半导体消费市场，也是最大的生产国，主导了全球半导体与电子产品的发展。集成电路诞生在美国，在原创性和拓展性上，美国遥遥领先于世界其他国家。美国的芯片企业在研发上的投入比例非常大，这保障了其技术的持续领先优势。美国在电子产品的市场、技术和新产品的发展及应用上，都发挥着举足轻重的作用。每年一月份在拉斯维加斯举办的国际消费电子展（CES），依然是全球电子产品的风向标。美国的集成电路产业在世界上处于霸主地位，拥有由集成电路产业所带动的大批上下游电子产业。数十年来，美国始终没有失去过在计算机、服务器和网络设备上的领先地位，且一直是全球最大的半导体消费市场。这些先天优势也是美国集成电路设计业蓬勃发展的重要基础。

欧洲芯片企业三驾马车，一路亦步亦趋

欧洲的集成电路产业虽然今天不如美国和日本，但是仍然有三家规模相当大的标杆公司——恩智浦半导体、英飞凌和意法半导体，它们在全球集成电路产业中自成一派。欧洲是近代物理和电子学的重要发源地，也曾是美国之外的第二大电子产品市场，在通信、汽车和自动化等领域的电子技术方面有着丰富的技术积累和强大的市场需求，欧洲的集成电路厂商自身具备一流的技术水准，虽然经过多次的分拆离合，最终还是形成了三强各领风骚的格局。

近年来，欧洲的集成电路产业由于前瞻性不如美国，实用性不如亚洲，加之欧元升值、政府补贴少和产业趋势向亚洲转移等因素，已经受到很大的挑战，其市场占有份额逐年下降。欧洲的集成电路产业分布在各国，不够集中，不能如美国那样集约化发展，这也是欧洲半导体难以出现新巨头的原因之一。欧洲在第二代全球移动通信系统（GSM）市场上取得空前成功后，在3G、4G时代和互联网时代并没有抓住智能手机先机，这也是其芯片竞争力越来越弱的原因之一。

崛起的亚洲芯片企业，层次分明

得益于美国半导体技术传播与辐射，加之日本企业精益求精的工匠精神和

良好的工业技术基础，日本半导体曾经一度接近追平美国同行。鼎盛时期，世界十大半导体公司中的日本公司并不比美国少。然而自 20 世纪 80 年代中期起，由于美日之间的一些贸易协定以及日本半导体企业在创新、品质和管理理念上的问题，日本在存储、显示和晶圆制造与封测、芯片设计等不同领域分别被韩国和中国台湾地区赶超。而中国大陆地区的芯片产业在最近二三十年也奋起直追，实现了整体格局改观。

谁是大玩家：世界十大半导体公司

根据 Gartner 数据，2021 年全球半导体营收总计达到 5950 亿美元，比 2020 年增长了 26.3%。三星再度取代英特尔，成为全球最大的半导体供应商。世界半导体公司十强排名分别是：三星、英特尔、台积电、SK 海力士、美光、高通、英伟达、博通、联发科和德州仪器。十大公司当中有七家的总部位于美国，两家公司总部位于韩国，还有一家公司总部位于中国台湾地区，这充分显示了美国在半导体高科技领域的超强竞争力和韩国公司在储存器领域的领先地位。

三星半导体

三星半导体的总部位于韩国，主营产品包括动态随机存取存储器（DRAM）、固态硬盘、嵌入式存储、多芯片封装、消费级存储、处理器、图像传感器、显示芯片、安全解决方案、电源管理芯片、LED 和显示设备等。其中，DRAM 的推出是三星半导体的成名一战，而 NAND 则是三星的持续创新之作，且至今仍在全球范围内拥有最高技术水平和最大产能规模。三星半导体同时提供晶圆制造和高端封测服务。

目前三星已实现 3 nm 制程风险试产，5 nm 工艺制程成熟。

英特尔

长期以来，Intel Inside 和 x86 就是处理器乃至芯片的代名词，作为硅谷高科技象征的英特尔成立于 1968 年，总部位于硅谷圣克拉拉，早期以研发存储器产品起步。1971 年，英特尔推出人类历史上第一枚通用处理器芯片。286、386、486、奔腾……这些产品逐渐成为一个蓬勃向上的时代记忆，可以说，英特尔开辟了人类计算的新纪元并改变了整个世界。英特尔目前有客户端计算（CCG）、数据中心和人工智能（DCAI）、网络与边缘（NEX）、Mobileye 自动驾驶、加速计算系统与图形（AXG）和代工服务（IFS）六大部门，全面提供从消费级客户端到服务器数据中心的全系列产品，包括计算机、服务器、物联网和嵌入式处理器、GPU、FPGA、内存和固态硬盘、无线和互联网产品等。

SK 海力士

SK 海力士即原来的韩国现代内存。1983 年，现代电子产业有限公司成立，1996 年正式在韩国上市，1999 年收购 LG 半导体，2001 年公司名称改为（株）海力士半导体，并从现代集团分离出来。2004 年 10 月，公司将系统 IC 业务剥离后成为专业的存储器制造商。2012 年 2 月，韩国第三大财阀 SK 集团宣布收购海力士 21.05%的股份从而入主了这家内存大厂。SK 海力士的产品主要包括存储器半导体［DRAM、NAND Flash、MCP（Multi-Chip Package）等］和系统半导体［CIS（CMOS Image Sensor）等］。2020 年 10 月 20 日，SK 海力士宣布与 Intel 签署收购协议，支付 90 亿美元接手 Intel 的闪存及存储业务，包括 Intel 在中国大连的 NAND 闪存制造工厂。

美光

美光科技（简称美光）1978 年成立于美国爱达荷州博伊西，最初是一家仅有 4 名员工的半导体设计公司。美光签订的第一份合约是为 Mostek Corporation

设计 64 KB 存储芯片。现在美光则是计算机存储器和数据存储（包括 DRAM、闪存和 USB 闪存驱动器）领域世界前三的生产商。美光凭借丰富的高性能内存和存储技术组合（包括 DRAM、NAND、3D XPoint™和 NOR）以及旗下全球性品牌 Micron®（美光）和 Crucial®（英睿达），在存储领域占据技术领军地位逾 40 年。美光的内存及存储解决方案帮助移动端、数据中心、客户端、消费端以及工业、图形、汽车、网络等重要市场实现了颠覆性发展，为人工智能、5G、机器学习和自动驾驶等技术的崛起提供了存储技术支撑。

高通

高通公司总部位于美国圣迭戈，是一家从事无线技术开发和商业化的半导体公司，是全球 3G、4G、5G 芯片的核心供应商。它的产品包括调制解调器、RF 系统、处理器和 Wi-Fi 设备等。应用范围涉及音频、汽车、相机、移动计算、网络、智能手机、智能城市、智能家居、可穿戴设备和 XR/VR/AR 等。高通公司拥有惊人的 14 万项专利，每年仅专利许可收入就超过 50 亿美元。高通在 2017 年 11 月发布了 5G NR（New Radio）的收费标准：单模 5G 手机许可费率为售价的 2.275%；多模（3G/4G/5G）手机许可费率为售价的 3.25%；单模 5G 手机所有专利打包许可费率为售价的 4%；多模（3G/4G/5G）手机所有专利打包许可费率为售价的 5%。这相当于一台 6000 元人民币的多模多频手机，高通可以收到 300 元左右的专利费。

博通

博通公司总部位于美国硅谷圣何塞，是全球领先的有线和无线通信半导体公司。2016 年，安华高斥资 370 亿美元收购博通，并保留公司名称。博通为计算和网络设备、数字娱乐和宽带接入产品以及移动设备的制造商提供领先的片上系统和软件解决方案。从营收来源看，半导体解决方案是博通的主要收入来源。2022 年，博通宣布将以 610 亿美元收购 VMware，后者拥有世界顶级的虚拟化技术，在世界软件定义基础设施方面占据全球市场份额的近一半。这次收购有望成为科技史上第三大收购案，仅次于微软以687亿美元收购游戏巨头动视暴雪，以及戴尔以670亿美元收购EMC。之前，博通已经收购了CA和赛门铁克等软件公司，现在博通将通过拓展企业服务和软件业务，进一步巩固在数据中心计算领域的地位。

联发科

联发科成立于1997年，是中国台湾地区的一家世界级芯片设计公司，在移动终端、智能家居应用、无线连接技术和物联网的芯片产品上具有全球竞争力。每年约有20亿台搭载联发科芯片的终端产品在全球上市。联发科还是全球第二大的5G基带生产厂商，2021年的出货量同比增加了两倍以上，这要归功于它从三星和中国大陆地区手机厂商获得的客户订单。该公司还聚焦中、低端LTE市场，并在智能手机芯片上不逊色于高通。

德州仪器

德州仪器是一家总部位于美国达拉斯，拥有近百年历史的电子和半导体公司。德州仪器是模拟芯片翘楚，也是半导体工业的鼻祖之一，致力于针对工业、汽车、个人电子产品、通信设备和企业系统等市场设计、制造、测试模拟和嵌入式处理芯片。它的主营产品涉及放大器、音频、时钟、数据转换器、管芯和晶片服务、DLP产品、接口、隔离、逻辑、微控制器（MCU）和处理器、电机驱动器、电源管理、射频和微波、传感器、空间和高可靠性、开关和多路复用器、无线连接以及计算器和教育技术等。德州仪器在全球拥有45000项专利。德州仪器2021财年的收入为183.4亿美元。

英伟达

英伟达是一家总部位于美国硅谷圣克拉拉的技术公司，以游戏设计、图形处理和高性能芯片闻名于世。英伟达的产品包括图形卡、笔记本电脑、G-SYNC 显示器和 GeForce NOW 云计算游戏等。英伟达拥有 7300 项专利，开发了基于 GPU 的深度学习系统，通过人工智能助力解决诸如癌症检测、天气预报、自动驾驶、专业可视化、深度学习、加速分析和加密货币挖掘等问题。英伟达已经成功开发了企业与开发人员（CUDA、IndeX、Iray、MDL）、游戏（GameWorks、G-syncBattery Boost）、架构（Ampere、Volta、Turing）和行业技术（AI 计算、深度学习、ML）等领域的技术。同时，它正在研究 3D 深度学习、人工智能和机器学习、计算机图形学、电子竞技、医学和网络等热点问题。

AMD

AMD 于 1969 年在硅谷创立，最初只有几十名员工，从那时起 AMD 便踏上创新之路，并始终处在半导体产品研发的最前沿。从成立之初的一家不起眼的公司成长为一家全球公司，AMD 凭借先进技术和诸多突破性行业创新树立起现代计算企业的新标杆。AMD 是全球仅有的两家 x86 处理器供应商。在超过 50 年的历史中，AMD 引领了高性能运算、图形和可视化技术的创新。全球数以亿计的人们、领先的 500 强公司和尖端科学研究所都受惠于 AMD 技术，AMD 润物细无声地改善着我们的生活、工作和娱乐。AMD 致力于打造领先的高性能和自适应产品，努力拓宽技术的极限。2022 年 2 月，AMD 完成了史上最大的半导体收购案：以 490 亿美元收购全球第一大 FPGA 芯片公司——赛灵思（Xilinx），使 AMD 成为世界仅有的两家同时拥有顶级 CPU、GPU 和 FPGA 的公司之一。

价比飞机的光刻机：造得飞机，造不了光刻机

光刻机和飞机哪一个更难搞？光刻机难在哪儿？

最近一段时间，集成电路与光刻机成了社会热点话题。经常有朋友问起“光刻机有哪些功能？在集成电路制造中起什么作用？”“光刻机研发难度高，高在哪儿？”等问题。下面我们尝试回答一下这些问题。

集成电路几乎无处不在，小到身份证、手机、可穿戴设备，大到高铁、飞机、高端医疗装备等，都离不开集成电路。近些年，5G、物联网、人工智能、云计算、大数据等新一代信息技术快速发展，而集成电路（芯片）正是这些技术的核心基础。集成电路自诞生至今，一直按照摩尔定律向微细化方向发展，集成度越来越高。单个芯片上的晶体管数量已经由最初的几十个，发展到现在的几十亿个。因此，可以说光刻机是大系统、高精尖技术与工程极限高度融合的结晶，是迄今为止人类所能制造的最精密装备，被誉为集成电路产业链“皇冠上的明珠”。光刻机作为集成电路制造的核心装备，它决定了芯片制造的极限可行性。随着集成电路集成度的持续提高，芯片对光刻机技术水平的要求也在不断提高。

光刻机的发展概述和特点

光刻机技术的发展经历了以下几个阶段：接近/接触式光刻机→投影光刻机（投影光刻机的诞生、投影光刻机曝光方式的演变）→步进扫描投影光刻机→光刻分辨率提升。光刻机本身是一个光机电一体化的精密系统，其基本结构包括照明系统、投影物镜系统、工件台/掩模台系统、调焦调平系统和对准系统。光刻机同时也是一套复杂的软件工程，通过数学计算、亚分辨辅助图形技术进行光学邻近效应修正、光源掩模联合优化和反演光刻。

曝光光源（汞灯光源、准分子激光光源、EUV 光源）是光刻机的心脏。光刻机的投影物镜被誉为成像光学的最高技术体现，其波像差需要控制到亚纳米量级，接近零像差。这个零像差是大视场、高数值孔径、短波长条件下的零像差，是在曝光过程中投影物镜持续受热状态下的零像差。实现这个零像差对投影物镜的镜片级检测、加工、镀膜，系统级检测、装校和投影物镜像差的在线检测及控制都提出了极为严苛的要求。

在光刻机工作时，需要工件台和掩模台在高速运动过程中始终保持几纳米的同步精度。比如浸液式光刻机，其工件台的运动速度可达 1 m/s，两个台子的同步运动误差的平均值需要控制在 1 nm 以内，相当于人类头发丝直径的几万分之一。这相当于两架速度 1000 km/h 的飞机同向飞行，要求它们的相对位置偏差平均值控制在 0.3 μm 以内。这是什么概念呢，举个例子，这个难度，还要远高于两架超音速飞机同向飞行时，从一架飞机中伸出缝衣服用的线能够准确穿进另一架飞机上的针孔的难度。如此高的难度使得光刻机的工件台/掩模台系统被誉为超精密机械技术的最高峰。

光刻机整机与分系统汇聚了光学、精密机械、控制和材料等众多领域大量的顶尖技术，很多技术都需要达到工程极限。另外，光刻机各个分系统、各个子系统要在整机的控制下协同工作，达到最优的工作状态，如此才能满足光刻机严苛的技术要求。光刻机的主要性能指标包括分辨率、套刻精度和产率等。

什么是我国的芯片“卡脖子”问题

2021 年，中国 GDP 达到 114 万多亿元人民币，位居世界第二，连续 2 年超过 100 万亿元。我国 GDP 有如此高的增长，靠的是石油、煤炭、交通、农业吗？显然不完全是。2000 年后，互联网技术、移动通信技术，尤其是二者的结合——移动互联网技术逐渐走向全球统一，促进了全球经济的高速发展。中国在加入世贸组织后有效地把握了全球化带来的战略机遇。除了房地产和高铁，我们日常感觉得到的最大变化就是信息沟通方式，以及经济信息化所带来的生产服务方式的改变。中国生产了世界上大部分的手机、电脑、电视和家电产品，并用芯片和电子信息产品支持着全球庞大的经济体系运作。中国也因此成为世界半导体的最大市场和核心用户。然而我国高端芯片的自给率很低，笔记本电脑、服务器/处理器、工业控制等核心芯片基本上依赖进口，存在比较明显的产业链风险，也就是“卡脖子”问题。

芯片的制造工艺，涉及五十多个学科的知识和技术。建设一条现代化的芯片生产线，综合起来需要十余大类、三百多种、三千多台套的各种精密设备及配套材料。同时需要光刻技术、刻蚀技术和薄膜沉积技术三大类生产技术，以及数百道工艺步骤。而运营一条芯片生产线，需要一支近千人的精干工程团队，需要各个设备、材料厂商的全力支持，还需要一家愿意承担流片风险的高端设计公司。而在我国芯片产业链上，最明显的短板环节就是 10 nm、7 nm 或更先进工艺制程的高端中央处理器（CPU）和高精高速的模拟电路设计。

以台积电南京 12 英寸（1 英寸=2.54 cm）Fab16 晶圆厂为例，其一期项目投资额为 30 亿美元，规划月产能 16 nm 晶圆 2 万片。其中先进制程 12 英寸生产线每 1 万片月产能所需的设备大致如下：研磨机 17.5 台，CVD 30.5 台，氧化/高温/退火设备 42 台，离子注入机 9 台，刻蚀机 60 台，光刻机 8 台，涂胶机 5 台，PVD 25 台。16 nm 工艺的微观逻辑器件有六十多层微观结构，要经过一千多道工艺步骤。这意味着每道工艺的成品率即使达到 99.99%（即万分之一的误差），整体的成品率也只能达到 90.48%，也就是每生产 10 个芯片就可能有 1 个不能满足指标要求。

当然，我国在基础理论突破、先进设计方法、自动设计工具 EDA 和 IP 核、高纯材料和高端装备等方面，也都存在不同程度的“卡脖子”问题。同时，几乎所有环节都有知识产权和专利墙等壁垒。但中国芯片面临的“卡脖子”问题的部分根源在于，对产业规律认识不深、历史上积累投入不够和优秀人才储备严重不足。

科创板风口上的中国芯片行业

在 2018 年 11 月 5 日开幕的首届中国国际进口博览会期间，“科创板”概念横空出世并实行注册制试点。2019 年 6 月 13 日，科创板正式开板。科创板的首发募集资金总额超 6110 亿元。当日收盘，科创板总市值、流通市值分别达到近 5.18 万亿元和逾 2.07 万亿元。自此，具备集成电路等科创属性的企业有了一个能够满足自身融资需求的资本新市场，科技与金融两个轮子开始同向转动。从成立至今，科创板获得了飞速的发展，上市公司数量从首批的 25 家增长到 2022 年 6 月的 426 家。

截至 2022 年 6 月，科创板半导体领域公司总数达 66 家，占科创板总上市公司数量的 15.5%，占市值的 25.7%，营业收入的 14.8%和净利润的 26.5%，如表 1-1 所示。这些公司涵盖了 IP、EDA、设计、制造、封测、IDM、材料和设备等产业链各环节。

表 1-1　半导体上市公司在科创板的各项指标占比（截至 2022 年 6 月）

	数量	市值	营业收入	净利润
半导体	66	13732.9 亿元	1247.0 亿元	255.5 亿元
科创板	426	53451.1 亿元	8440.0 亿元	965.3 亿元
半导体占比	15.5%	25.7%	14.8%	26.5%

科创板上的芯片明星企业有科创板受理 001 号的晶晨半导体、首批科创板企业上会审核通过的安集科技、“科创板芯片设计第一股”澜起科技、科创板首批“明星股”之一的中微半导体、“A 股基带芯片第一股”翱捷科技、“FPGA 芯片第一股”安路科技和“科创板 AI 芯片第一股”寒武纪等。“中国半导体代工业第一股”中芯国际，是全球领先的集成电路晶圆代工企业之一，也是中国（不含台湾地区）技术最先进、规模最大、配套服务最完善的专业晶圆代工企业。

2020年7月16日，中芯国际成功在科创板挂牌上市，首日暴涨逾200%，市值冲破6000亿元，成为A股市值最高的半导体公司。中芯国际从IPO申请获受理到科创板上市交易仅用了46天，创下我国A股市场10年以来的最快上市纪录，也是近10年来融资规模最大的IPO。

继国家科技重大专项和集成电路产业基金之后，科创板成为支撑芯片高质量发展的又一把“火”。在集成电路行业，也涌现出一批重点投资集成电路的机构。比如，上海“科创系”就投资了包括中芯国际、格科微、复旦微电、中微公司、聚辰股份、沪硅产业等在内的24家半导体龙头企业。中芯聚源的IPO业绩也相当可观，中芯聚源投资占比较高的是战略融资、A轮融资和B轮融资，目前投资企业已上市的有25家。

美国芯片行业可以“闭门造车”吗

2022年5月，美国半导体协会发布了美国半导体行业现状年度报告《Factbook》，基于统计数据评判了基于市场份额、技术竞争力等指标的美国和全球半导体市场现状。承续之前的报告，这次报告分析认为，美国半导体产业在几十年来一直是全球市场的领导者，美国市场具有较强的韧性和“跑得更快”的能力，多次成功应对了其他地区对美国半导体地位的挑战，其2021年的全球市场份额占46%，比第2名的韩国高出一倍多。美国半导体公司在研发、设计和制造工艺技术方面保持着领先或极具竞争力的地位。

芯片设计、生产及配套产品，由研究、设计、前端制造、后端封测、EDA和核心IP、设备和工具、材料等7个环节所组成的国际化程度最高的产业生态系统来支持。每个环节都集中了全球产业的精华，由于规模效应，各环节的供应商也存在高度竞争。半导体产业是智力和资本密集型产业，2001年美国半导体产业研发投入和资本支出约为 290 亿美元，之后 20 年平均增长率约为 5.9%。2021 年，美国半导体产业研发投入为 502 亿美元，资本支出为 405 亿美元，总共超过 900 亿美元，占到年度销售收入的 30%左右，这相当于当年中国（不含台湾地区）集成电路年度销售额的 60%以上。

基于经济和产业规律，以及技术"Know-How"和产业规模的不同要求，客观形成了半导体高度专业化的全球供应链，各国、各地区根据自身优势承载产业链的不同功能。得益于世界一流大学、充足的工程人才库和由市场驱动的创新生态系统，美国半导体产业在研发密集的 EDA 和 IP、逻辑芯片、制造设备领域优势明显，分别达到 74%、67%和 41%的市场占有率，保持着绝对的行业领先地位。但是在资本密集的材料、晶圆代工领域，资本和人力密集的封测领域，亚洲更具优势。比如，在半导体材料、晶圆原材料和封装测试领域，美国分别只占 11%、12%和 2%的市场份额。当前在美国建设一个新芯片工厂的 10 年总拥有成本（TCO）大约比亚洲地区高 25%～50%。

在一体化的全球供应链中，各国通过自由贸易将半导体市场要素运送到其最佳地点，各施所长、相互依存。在现在的整个供应链中，有 50 多个产业链节点存在一个区域占据全球市场份额 65%以上的情况。而如果在每个区域建立"自给自足"的本地供应链，则至少需要 1 万亿美元的增量投资，且还将导致半导体价格总体上涨 35%～65%，最终增加面向终端用户的电子设备成本。从整体上讲，美国消费了全球 1/4 的芯片，但贡献了价值链的 38%；它虽然也有明显短板，但在高端技术领域仍然实力超群。

芯片的服务对象：软件

人们每天驾驶着汽车穿梭在城市的大街小巷中。前进、倒车、加速、制动，汽车在驾驶员控制下安全而稳定地行驶着。最近，火热的汽车自动驾驶技术正在试图颠覆传统的驾驶方式，让汽车自己驾驶自己。为了实现这样的想法，需要程序员将传统驾驶方式编成各类命令，控制汽车在不同驾驶环境下实时做出合适的反应，汇集这些命令进而开发出自动驾驶软件。软件是一系列按照特定顺序组织起来的数据和指令的集合，是芯片中无形的部分，看不见、摸不着却又真实地发挥着作用。这些数据和指令预先存储在芯片中，控制芯片对外界输入信号做出快速、正确的反馈。手机中的软件让我们消除了距离的约束，家电中的软件让我们的生活更加从容，工业设计软件让我们未见制造先见产品……各类芯片中的软件加快了世界前进的步伐。

软件不能单独工作，它以芯片这类硬件为载体，是用户应用和芯片计算之间的窗口。芯片是由大大小小的集成电路模块构成的，没有这些模块，芯片也就缺失了相应的功能；而软件就像是一把钥匙，按照规则负责关闭/开启这些功能并对其进行组合、优化，使芯片发挥更强劲的性能。

软件可以分为两大类：系统软件和应用软件。在平常生活中，我们接触较多的是应用软件，比如各类即时办公软件、通信软件、购物软件、游戏软件等。这类软件是为了某种特定的用途而开发出来的，与用户直接交互使用。应用软件不仅丰富了我们的日常生活，更多的是帮助我们解决了很多生活生产中遇到的具体问题。系统软件是更底层的软件，如 Windows、iOS 和 openEuler 等。它们负责管理和协调系统里的各类硬件资源，监控芯片的工作状态，同时也起着硬件和应用软件之间桥梁的作用，完成各种应用软件的一些共同的基础操作，如读取或存储应用软件所需的数据。

我们经常在电视或网络上看到程序员对着电脑敲打键盘编写软件的画面，那程序员们是用什么方式控制软件的呢？软件语言就是专门用来开发编写软件的利器，软件的发展离不开各类软件语言的帮助，而软件语言也在不断地更新换代，从最初的机器语言，发展到助记符式的汇编语言，再到今天的数百种高级语言。高级语言更贴近自然语言的语法和结构，大大降低了编写软件的难度。也许在不久的将来，你我都能成为程序员。

在数字时代，如果芯片是“心脏”，软件就是“头脑”或“灵魂”。在现代生活中，软件无处不在，却又痕迹难寻；人类创造了软件，软件也在改善着人类生活。

集成电路的未来出路

从产业发展历程来看，半导体行业的变迁既是一部宏观经济要素周期史，又是一部内部技术变革驱动史，在二者的双重作用下，半导体行业持续快速发展，并呈现由美国向日本，美日向韩国、中国台湾地区，最后辐射扩张到中国大陆地区的趋势。美国在 IC 设计领域占据主导地位；中国大陆地区的 IC 设计业正在快速崛起，但总体规模还小；中国台湾地区在 IC 代工制造环节独占鳌头，中国大陆地区企业也在大规模跟进；IC 封测仍以中国台湾地区和韩国为主，中国大陆地区的封装产业已经取得一席之地。在后摩尔定律时代，集成电路技术潮流分化为延伸摩尔（More Moore）、超越摩尔（More than Moore）和超越 CMOS（Beyond CMOS）三个主要方向，系统集成、系统封装和新材料、新技术成为行业技术突破方向。在 5G、人工智能、智能汽车等新兴应用带动下，全球集成电路产业有望在未来 5 年迎来新一轮发展，重启新一轮硅周期上行通道。

新架构：异构计算

今天，无论是人脸识别，还是辅助泊车，高性能无缝计算已经渗透到人们从睁眼起床到关灯入眠的每一分钟。高性能计算的“台柱子”是异构计算，它融合了 CPU、DSP、GPU 等处理单元，但异构计算的编程模型所需的不同单元，往往历史上都各自有函数库和工具链，软件迁移和维护成本不菲。若希望应用开发人员无须掌握各种复杂的硬件底层知识，也能在高负载、多任务并行和多架构等复杂场景下有效协同，则需要创新突破新体系架构和软件编程模型。

新架构应该具有开放性、规范性和高可扩展性，让开发者无须在性能上做出妥协即可自由选择架构。这会明显降低使用不同的代码库、编程语言、编程工具和工作流程所带来的不便，使得开发者从私有的编程语言和编程模型的束缚中解脱出来，同时支持更多、更领先的硬件架构、库函数，使得针对框架层、应用层和服务层的开发变得更加流畅。支持异构计算的新编程语言和库函数，可以与生态系统中的 Python、C++、Java 等常用语言无缝协同。在新架构中的异构编程，可以像“携号转网”一样便捷、可复用。

新结构：芯粒（Chiplet）

芯粒是芯片 IP 设计新模式，其原理是用多个小芯片来代替单个芯片，并将它们封装集成在一起，这样可以在同样的面积上容纳更多的晶体管，而且可以显著提高芯片生产良率。全球行业组织开放计算项目（OCP）正致力于通过引入新的接口、链接层和早期概念验证，来定义和开发统一标准的芯粒体系架构。

市调机构 Omdia 最新发布的报告显示，在设计和制造过程中采用芯粒的微处理器芯片未来 5 年会快速增长，到 2024 年全球市场规模将达到 58 亿美元。目前，Marvell、AMD、英特尔、台积电等半导体公司都相继发布了芯粒产品。芯粒将为半导体产业带来新的机会，比如：降低大规模芯片设计的门槛；从 IP 升级为芯粒供应商，以提升 IP 价值，有效降低芯片客户的设计成本；增加多芯片模块（Multi-Chip Module，MCM）业务，芯粒的迭代周期远低于专用集成电路（ASIC），可提升晶圆厂和封装厂的产线利用率；建立可互操作的组件、互连、协议和软件生态系统。

新材料

第三代半导体碳化硅（SiC）在一些关键领域开始取代硅基器件。与第一代和第二代半导体相比，碳化硅（SiC）具有更大的禁带宽度、高击穿电压、低导通电阻、几乎无开关损耗和优秀的电导率、热导率等优势，能在效率更高的前提下，将芯片体积大大缩小，在高温、高压、高功率和高频领域有望替代前两代半导体材料。第三代半导体器件在电动汽车、工业充电、5G 高频器件、可再生能源和储能电源方面的应用，都能够从宽禁带半导体的发展中受益，尤其是在高频高压应用中将大量取代原有的硅 IGBT 和硅 MOSFET。当然，还有 SOI、石墨烯等其他新材料都已经初现锋芒。

第2章 集成电路中的半导体器件

PN结

集成电路（IC）的概念经常和半导体混用。半导体是一种材料，其电阻率介于导体和绝缘体之间。半导体产品包括集成电路和分立器件。站在市场角度，如果把半导体的市场份额视为100%，那么集成电路占到这个份额的90%以上，剩余的是分立器件。因此，难怪大家经常把半导体等同于集成电路了。那么为何集成电路非用半导体材料不可呢？一半的答案是，半导体材料的电阻率受外界影响易变，而导体、绝缘体的电阻率不易变。另一半的答案则是，半导体材料可以容易地制作出各种结构，其中基础、重要且广泛应用于各类产品中的就是PN结。

以硅基半导体为例，硅元素原子核最外层的电子数量为4个，硅晶体内的电子几乎不能自由移动。表现在宏观上，就是纯硅单晶的电阻率很高，导电性很差。如果我们在硅单晶体中加入原子核最外层电子数量为5个的元素，例如砷（As）元素和磷（P）元素，当它取代硅占据晶格位置后会多出1个电子。相反，如果我们在晶体中加入原子核最外层电子数量为3个的元素，例如硼（B）

元素，当它取代硅占据晶格位置后会少 1 个电子，这种状态我们给它起了一个形象的名字—— 一个带正电的“空穴”。空穴是一个抽象概念，对此我们可以这样类比：在一瓶饮料中，因为空气进入液体而产生的“气泡”。更为关键的是，无论增加的是电子还是空穴，它们均可以自由移动（电离能很低），表现在宏观上，就是电阻率下降，导电性增加。这也是半导体材料的电阻率易变的原理。我们将增加电子的那一类掺杂半导体叫作 N 型半导体，而增加空穴的那一类掺杂半导体叫作 P 型半导体，而将两者接触形成的结构称为 PN 结。

在 P 型半导体和 N 型半导体接触的区域，具有以下 3 个有趣且重要的现象。这些现象也是 PN 结名称的由来。

（1）由于 N 型半导体富含电子，而 P 型半导体富含空穴，在两者接触的界面区域，自由移动的电子和空穴相互复合，使得界面区域既不含电子又不含空穴。该区域有个特别的名字，叫空间电荷区。

（2）不仅如此，由于 N 型半导体界面没有电子和空穴，掺杂的 As、P 等元素会使该区域显现出正电，而 P 型半导体界面同理会显现负电，从而使得空间电荷区形成电场，该电场会阻止 N 型半导体中的电子或 P 型半导体中的空穴越过空间电荷区，该电场名为内建电场。

（3）若在 P 型半导体端施加正电，在 N 型半导体端施加负电，由于外加电场与内建电场的方向相反，使得内建电场“阻止”电子和空穴越过空间电荷区的力量减弱，表现在宏观上，有电流流过该 PN 结，这叫正向导通。相反，若在 P 型半导体端施加负电，在 N 型半导体端施加正电，外加电场与内建电场的方向相同，增强了内建电场“阻止”电子和空穴越过空间电荷区的力量，表现在宏观上，没有电流流过该 PN 结，这叫负向截止。

PN 结的第（3）点现象最为重要，通过不同的正负极接法就可以控制电流的有无，这是 PN 结最为普遍和重要的应用。科学家和工程师们利用 PN 结正向导通的原理获得电流，利用 PN 结负向截止的原理关断电流，或者利用其正向导通、负向截止的原理，将它作为开关使用。在集成电路中由于一个电路中集成了成千上万的器件，器件间的隔离就大量使用了 PN 结反向截止的原理。而半导体应用中的另外两种重要器件——双极型晶体管和 MOS 管，也使用了 PN 结作为基本结构。其中，双极型晶体管 PNP 和 NPN，可视为两个 PN 结连接在一起；而 MOS 管，则可视为一个平板电容加双极型晶体管。从这个层面可以说，理解 PN 结的原理，是理解半导体技术基础中的基础。

双极型晶体管

双极型晶体管（Bipolar Junction Transistor，BJT）又被称为晶体三极管。1945 年，贝尔实验室的科学家约翰·巴丁和肖克利、布拉顿一起，共同研究锗和硅的物理性质。在一次实验中，巴丁在锗晶体上放置了一枚固定针和一枚探针，通过在探针上施加负电压来检查固定针附近的电位分布。当巴丁将探针靠近到距固定针 0.05 mm 时，突然发现改变流过探针的电流能极大地影响流过固定针的电流。这一意外的发现使他们意识到，这个装置可以起放大作用。于是三人通力合作，经过反复研制，终于在 1947 年圣诞节前后发明了一种新的半导体器件——晶体三极管。这一成果立刻轰动了电子学界，巴丁等被称为电子技术革命的杰出代表。由于这一贡献，巴丁和肖克利、布拉顿一起获得了 1956 年度诺贝尔物理学奖。

晶体三极管（简称三极管）是半导体基本元器件之一，是电子电路的核心元器件。它在模拟电路和数字电路中的作用都非常重要。在模拟电路中它可以组成放大电路，对弱小的信号进行筛选和放大。在数字电路中它可以用来控制电路的导通和断开，数字信号 0 和 1 就可以通过三极管的导通和断开来体现。

三极管是在一块半导体基片上制作的两个相距很近的 PN 结，两个 PN 结把整块半导体分成三部分，中间部分是基极，两侧部分是发射极和集电极，排列方式有 PNP 和 NPN 两种。三极管的三个极用来连接电路。基极就像水管上的阀门，用来控制集电极和发射极是否导通。如果基极上有电流，那么集电极和发射极之间就会导通；如果基极上没有电流，那么集电极和发射极之间就会断开。

对三极管放大作用的理解应切记一点：能量是守恒的，能量不会无缘无故地产生，所以三极管一定不会产生能量。但三极管“牛”的地方在于，它可以通过小电流控制大电流。放大的原理就是通过小的交流输入控制大的静态直流。

三极管的发明具有跨时代的意义。在三极管之前，想要实现和三极管一样的功能，靠的是像灯泡一样的真空管。本书开篇讲到的第一台通用计算机，就有一万多个真空管。真空管的个头很大、非常耗电，更麻烦的是还非常不稳定，就像灯泡里的灯丝易断一样经常出问题。而三极管却具有体积小、能耗低和运算速度快等优势，可以说三极管的发明大大加速了集成电路行业的发展。

MOS 管

MOS 管的英文全称是 Metal-Oxide-Semiconductor Field Effect Transistor，即金属–氧化物–半导体场效应晶体管（MOSFET），它是一种可以广泛使用在模拟电路与数字电路中的场效应晶体管。

MOS 管的发明最早可以追溯到 19 世纪 30 年代，德国人率先提出了场效应晶体管的概念。之后，贝尔实验室的肖特基等人也尝试过研究发明场效应晶体管，但是都失败了。1949 年，肖特基提出了注入少子的双极型晶体管的概念。到了 1960 年，有人提出用二氧化硅改善双极型晶体管的性能，自此 MOS 管真正问世。然而在这里，我们也不得不提及另外一个大人物——马丁·阿塔拉（Martin M. Atalla），他也被认为是 MOS 管的发明人之一。1949 年，阿塔拉博士进入贝尔实验室研究半导体材料的表面特性。通过在硅片晶圆上培养出二氧化硅表层，他终于找到了帮助电流摆脱电子陷阱和散射的方法。这项后人称为表面钝化的技术，因其低成本和易生产而成为硅集成电路发展史上的里程碑。其后，阿塔拉博士建议在场效应晶体管表面运用金属氧化物，并在 1960 年的一次学术会议上宣布了他的成果。

MOS 管是半导体基本元器件之一，是电子电路的核心器件。它在模拟电路和数字电路中的作用都非常重要。MOS 管和三极管类似，也有三个极，分别是 G（栅极）、S（源极）和 D（漏极）。与三极管一样，MOS 管在模拟电路中也可以组成放大电路，对弱小的信号进行筛选和放大。在数字电路中它可以用来控制电路的导通和断开，数字信号 0 和 1 就可以通过 MOS 管的导通和断开来体现。

MOS 管是电压控制器件，而三极管是电流控制器件。在只允许从信号源取较小电流的情况下，应选用 MOS 管；而在信号电压较低，又允许从信号源取较大电流的条件下，应选用三极管。MOS 管的源极和漏极可以互换使用，栅压可正可负，灵活性比三极管好。MOS 管能在很小电流和很低电压的条件下工作，而且其制造工艺可以很方便地把很多 MOS 管集成在一块硅片上，因此 MOS 管适用于大规模集成。

因其制造成本低廉、使用面积较小和高整合度等优点，MOS 管的发明真正敲开了电路大规模集成和超大规模集成的大门。站在工业化的角度，MOS 管的重要性远远超过三极管。如今我们经常看到手机厂商宣传他们的手机芯片是多少纳米的，比如 7 nm、5 nm，这个纳米尺度指的就是 MOS 管栅极的宽度。

集成电路中的无源元件

上文介绍的双极型晶体管（三极管）和 MOS 管都是有源器件，那无源元件又是什么呢？

如果在电子元件工作时，其内部没有任何形式的电源，则这种元件叫作无源元件。从电路性质上看，无源元件有两个基本特点：（1）自身消耗电能，或把电能转变为不同形式的其他能量。（2）只需要输入信号，不需要外加电源就能正常工作。

如果在电子元件工作时，其内部有电源存在，则这种元件叫作有源元件。从电路性质上看，有源元件也有两个基本特点：（1）自身消耗电能。（2）除了输入信号外，还必须要有外加电源才可以正常工作。

简单地讲，需要电源的元件叫作有源元件，不需要电源的元件就是无源元件。有源元件一般用来完成信号放大、变换等；无源元件用来进行信号传输，或者通过方向性进行信号放大。无源元件主要是电阻类、电感类和电容类元件，它们的共同特点是在电路中不需要外加电源即可在有信号时工作。

电阻：电流通过导体时，导体内阻碍电流的性质称为电阻。在电路中起阻流作用的元件称为电阻器，简称电阻。电阻器的主要用途是降压、分压或分流，在一些特殊电路中用于负载、反馈、耦合和隔离等。电阻的符号为字母 R。电阻的单位为欧姆，记作 Ω。

电容：它是一种存储电能的元件。电容器由两块同大同质的导体中间夹一层绝缘介质构成。当在其两端加上电压时，电容器上就会存储电荷；一旦没有电压，只要有闭合回路，它又会放出电能。电容器在电路中阻止直流通过，而允许交流通过，交流的频率越高，通过的能力就越强。因此，电容在电路中常用于耦合、旁路滤波、反馈、定时和振荡等。电容的符号为字母 C。电容量的单位为法拉，记作 F。

电感：电感与电容一样，也是一种储能元件。电感器一般由线圈制成，当线圈两端加上交流电压时，在线圈中产生感应电动势，阻碍通过线圈的电流发生变化。这种阻碍称作感抗。电感的符号为字母 L。电感量的单位是亨利，记作 H。

在全球化发展的趋势之下，随着各种新概念、新理论、新材料、新技术被用在无源元件上，无源元件已经成为一个创新十分活跃的技术领域。无源元件在任何行业和领域中都有所应用，可以说它的诞生迎合了时代的发展需求。为了缩减整体器件的尺寸，集成无源器件（Integrated Passive Device，IPD）技术近年来逐步成熟完善。它是在硅基板上利用晶圆代工厂的工艺，采用光刻技术蚀刻出不同图形，形成不同的器件，从而实现各种无源元器件（如电阻、电容、电感、滤波器、耦合器等）的高密度集成。

芯片有多少种？——半导体与集成电路的异同

在日常生活中，我们经常听到手机厂商在宣传自己的手机时以使用了新一代某某 CPU 为卖点，这个 CPU 就是一种处理器芯片；我们使用的计算机、电视机中控制各种功能的也是芯片；汽车中控屏和数控机床背后也有芯片。可以说芯片在生产生活中无处不在，那么芯片有多少种呢？

以智能手机为例，除了我们提到的 CPU，还有下列芯片：

◊ PMIC（Power Management IC）：电池电源管理。

◊ DDI（Display Driver IC）：显示器驱动。

◊ TCI（Touch Controller IC）：触屏感应数字信号传输。

◊ CIS（CMOS Image Sensor）：光学感应数字信号转换和传输。

◊ NFC（Near Field Communication）：近距离无线通信，用于银行卡等。

◊ Gyro Sensor：陀螺传感器，用于定位和运动感知。

◊ AP（Application Process）：手机应用软件管理。

小小的手机当中却有这么多芯片呢，是不是很神奇？芯片的大致分类如下：

◊ 根据晶体管工作方式分为3类：数字芯片、模拟芯片和混合信号集成电路芯片（模拟电路和数字电路集成在一个芯片上）。数字芯片主要用于计算机和逻辑控制领域，模拟芯片主要用于小信号放大处理领域。

◊ 根据工艺分为两类：双极芯片和CMOS芯片。

◊ 根据规模分为4类：超大规模芯片、大规模芯片、中规模芯片和小规模芯片。

◊ 根据功率分为两类：信号处理芯片和功率芯片。

◊ 依据封装分为两类：直插式芯片和表面贴装式芯片。

◊ 根据使用环境分类：航天级芯片、汽车级芯片、工业级芯片和商业级芯片等。

在国际上还有一种主流分类方法，通常把半导体分为集成电路（Integrated Circuit，IC）和光电传感器/分立器件（Optoelectronic Sensor/ Actuator Discrete，OSD），它们都可以称为芯片。OSD 包括将电能转换成光能的发光器件和将光能转换成电能的光电探测器件。OSD 广泛地应用在光通信、激光、数字图像显示、自动控制、计算机和国防等领域。OSD 的种类很多，发光器件有发光二极管（Light Emitting Diode，LED）、半导体激光器（Laser Diode，LD）等，光电探测器件有光电二极管（Photodiode）或称光敏二极管、太阳电池（Solar Cell）等。它们与集成电路的结合造就了各种光电耦合器件、智能显示器件、专用光电传感器、电荷耦合摄像器件和各种光电子模块等。

在生活中，人们把“芯片”和“集成电路”这两个词经常混着使用。例如，在大家平常讨论中，集成电路设计和芯片设计说的是一个意思。而芯片行业、集成电路行业、IC 行业、半导体行业，往往也是同一个意思。在一些场合有这样的倾向性说法：半导体偏指材料，微电子偏指制造工艺，芯片偏指产品，而集成电路多站在设计角度。实际上，这两个词之间有联系，也有区别。集成电路实体要以芯片的形式存在，因为狭义的集成电路强调的是电路本身，比如简单到只有 5 个元器件连接在一起形成的相移振荡器，当它还在图纸上呈现的时候，我们也可以叫它集成电路。而当我们要将这个小集成电路进行应用时，那它必须以独立的硬件，或者嵌入到更大的集成电路中，依托芯片来发挥其作用。集成电路更着重于电路的设计和布局布线，芯片更强调电路的集成、生产和封装。而广义的集成电路，当涉及行业（区别于其他行业）时，也可以包含芯片相关的各种含义。

12 英寸和 5 nm，到底是什么

集成电路的制造过程，类似于我们用笔在纸上画画，只不过这里用到的纸和笔分别是晶圆和光刻机。各大厂商按照设计文档通过光刻机这支画笔在晶圆这张大画布上“雕刻”出一个个裸芯片（Die），再经过切割、封装、测试等工序，芯片就被生产出来了。从这个过程中可以看出，晶圆和光刻机是集成

电路生产中非常重要的两个部分。晶圆一直向着大尺寸面积的方向发展；而光刻机则向着高精细度的方向发展，目的都是为了尽量在一张晶圆上放更多的芯片颗粒（即晶圆做大）的同时，在单位面积上集成更多的晶体管（即光刻做细）。

晶圆是芯片生产的基础，而硅片则是晶圆生产的基础。在集成电路的生产过程中，硅晶圆的尺寸越大越好，因为晶圆的直径越大，单块晶圆上生产的芯片数量就越多，这样单颗芯片的成本就越低。例如，同样使用 0.13 μm 的制程在 8 英寸（1 英寸=2.54 cm）的晶圆上可以生产大约 179 个处理器核心，而在 12 英寸的晶圆上可以生产大约 427 个处理器核心。12 英寸的晶圆的面积是 8 英寸晶圆的 2.25 倍，产出的处理器数量却是后者的 2.385 倍，并且 12 英寸晶圆实际的成本并不会比 8 英寸晶圆高多少，因此这种成倍的产率提高显然是所有芯片生产商乐于见到的。然而，大尺寸晶圆工艺的研发需要巨大的前期投入，并且工艺的稳定性和良率也会随着晶圆直径的增大而越来越差，生产成本也逐步上升。目前市面上出现的晶圆直径主要是 6 英寸、8 英寸和 12 英寸，主流是 12 英寸的晶圆，占了所有晶圆的 80%左右。十几年前就已经有了 18 英寸的晶圆，出于良率和效率的考虑没有投入工业量产。

摩尔定律预言集成电路上可以容纳的晶体管数目大约每经过 18 个月便会增加一倍，这其实是对集成电路制造工艺发展的宏观描述，在微观上呈现出的就是单个集成电路元件的尺寸越来越小。集成电路的制造工艺经历了从 2000 年的 0.13 μm 到 2003 年的 90 nm，直到现在已经量产的 5 nm 工艺节点。5 nm 究竟有多大呢？人类最细头发的直径约为 5 nm 的 12000 倍。那是否越小的工艺制程就越好呢？先进制程能做出更低成本、更小面积、更好性能的晶体管，但是随着工艺尺寸进一步缩小至纳米量级，逼近硅原子的直径，量子隧穿效应对集成电路制造提出了严苛的考验，最终会遇到物理极限。在 2022 年 10 月三星晶圆代工论坛&SAFE论坛上，三星表示将于2025年开始生产2 nm工艺芯片，在2027年开始生产1.4 nm工艺芯片。

无论12英寸晶圆还是5 nm制造工艺，都是集成电路发展史上的里程碑。已有的成果来之不易，未来的曙光初露峥嵘。

LED：我也叫芯片

发光二极管（Light Emitting Diode，LED）是一种半导体光电器件，在照明、显示等领域已广泛应用。1962年，通用电气的尼克 •何伦亚克（Nick Holonyak Jr.）开发出第一种实际应用的可见光发光二极管。没错，LED也是一种二极管，与普通二极管一样是由一个PN结组成的，也具有单向导电性。当给发光二极管加上正向电压后，从P区注入N区的空穴和由N区注入P区的电子，在PN结附近数微米内分别与N区的电子和P区的空穴复合，产生自发辐射的荧光，其主要功能是：把电能转化为光能。砷化镓二极管发红光，磷化镓二极管发绿光，碳化硅二极管发黄光，氮化镓二极管发蓝光。在此基础上利用三基色原理，添加荧光粉后便可以衍生发出各种颜色的光。

1993年，日裔美籍电子工程学家中村修二在日本日亚化学工业株式会社（Nichia Corporation）就职期间，基于GaN开发了高亮度的蓝色LED。此前的20年间只有红色和绿色的LED，而开发一种蓝色LED被业内认为是不可能的。中村的发明颠覆了认知，因此一经问世，日亚便以公司的名义迅速申请了专利，并开始大量生产蓝色发光二极管，没过多久该公司便摇身一变成为世界最大的LED公司。而发明人中村修二获得的全部奖励是2万日元（当时约合人民币1141元）的奖金。2004年，中村修二向东京地方法院提起诉讼，要求日亚支付发明补偿金。初期中村胜诉，法院判决日亚应支付给中村补偿金200亿日元（当时约合人民币 11.4 亿元)。最终,这个金额缩水到了 8.4 亿日元(约合人民币 4793 万元)。但中村更为在意的似乎是东京地方法院的这段认定:"发明者的贡献度即使保守估算也不低于 50%。原告几乎靠一己之力完成了世界性的发明。"后面的更精彩故事想必大家都知道了:2014 年 10 月 7 日,赤崎勇、天野浩和中村修二因发明"高效蓝色发光二极管"而获得 2014 年度诺贝尔物理学奖。

在过去十几年中,我国 LED 芯片行业经历了"技术突破/应用扩展—企业扩产/价格上涨—产能过剩/价格下降"的产业周期洗涤,技术、产能和应用等方面都已经具有全球领跑实力。

化合物半导体

半导体材料可分为元素半导体和化合物半导体两类。前者是由硅(Si)、锗(Ge)等所形成的半导体,后者由砷化镓(GaAs)、氮化镓(GaN)、碳化硅(SiC)等化合物形成。半导体在过去主要经历了三代变化。硅基半导体具有耐高温、抗辐射性能好、制造方便、稳定性好和可靠度高等特点,这使得 99% 以上的集成电路都是以硅为材料制造的。但是硅基半导体不适合在高频、高功率领域使用。相比于第一代硅、锗半导体,作为第二代半导体代表的砷化镓(GaAs)半导体和第三代半导体代表的碳化硅(SiC)、氮化镓(GaN)半导体,高频性能、高温性能优异很多,制造成本也更为高昂,可谓是半导体中的新贵。

三大化合物半导体材料中砷化镓占大头,主要用于无线通信领域。全球砷化镓市场体量接近百亿美元,主要受益于通信射频芯片,尤其是功率放大器(PA)的升级驱动。氮化镓在高功率、高频上的性能更出色,主要应用于通信基站、功率器件等领域，功放效率高、功率密度大，因而能节省大量电能，同时减小基站体积和质量。而碳化硅主要作为高功率半导体材料应用于汽车和工业电力电子领域，在大功率转换应用中具有巨大优势。

第三代半导体适应更多应用场景。2G、3G 和 4G 时代 PA 的主要材料是砷化镓（GaAs），但是进入 5G 时代以后，PA 的主要材料是氮化镓（GaN）。5G 的频率较高，其跳跃式的反射特性使其传输距离较短。由于毫米波对功率的要求非常高，而 GaN 具有体积小、功率大的特性，因而 GaN 是目前最适合 5G 时代的化合物半导体材料。SiC 和 GaN 等第三代半导体材料将更能适应未来的应用需求。

化合物半导体在移动通信领域的发展前景如何？考虑当前市场，化合物半导体集成电路产业面临着 4 个有利机遇：

第一个机遇是移动通信技术。高频、超高频和多频应用正在不断朝着有利于化合物半导体集成电路的方向发展。

第二个机遇来自消费类电子产品的发展。全球的 Wi-Fi 市场方兴未艾，家用电子产品装备无线控制和数据连接的比例越来越高，音视频装置日益无线化。

第三个机遇来自新一代的光纤通信技术。新一代的 10 Gbps、40 Gbps 光通信设备中将大量使用磷化铟、砷化镓等化合物半导体集成电路。

第四个机遇来自汽车电子对智能感知的需求。目前汽车防撞雷达已在很多智能汽车上得到了实用，未来将越来越普及。由于汽车防撞雷达一般工作在毫米波段，所以肯定离不开砷化镓。

总之，化合物半导体集成电路产业的不断发展是毋庸置疑的。中国化合物半导体集成电路产业的建设和发展也只是个时间问题。

谁是集成电路的专利发明人：TI和仙童的“双黄蛋”之争

谁是集成电路的发明人，这个争论由来已久，不过这并不妨碍杰克·基尔比（基于硅的集成电路）和罗伯特·诺伊斯（基于锗的集成电路）同时成为伟大的人物，他们都在1958年发明了集成电路。杰克·基尔比是德州仪器（TI）的工程师，罗伯特·诺伊斯是仙童半导体公司（简称仙童公司，1957年创立）和英特尔（1968年创立）的创始人之一。百年老店德州仪器（TI）大名鼎鼎，不必多言。而在集成电路领域，还有一家半导体公司是必须被人铭记的，那就是1957年成立的仙童（Fairchild）公司。仙童公司在“晶体管之父”肖克利的带领下，早些年曾经为集成电路产业发展和硅谷创新精神的形成立下了不朽功绩。虽然后来因为创始人的原因，仙童公司的天才们先后出走，不过这也成就了硅谷和美国半导体行业的繁荣。例如，当前成为半导体行业领袖的英特尔和AMD，都是由仙童公司的离职员工创立的。

半导体行业的竞争是异常激烈的，新技术、新突破就意味着利润和市场。1959年2月，德州仪器（TI）抢先申请了集成电路的专利，仙童公司听闻后立马召开紧急会议来商量对策。好在德州仪器（TI）对集成电路上的生产工艺掌握不够，不能完美地将众多的晶体管安置在一块“月光宝盒”里，主要面临的就是导线连接问题。这时候擅长半导体工艺的仙童“八天才”优势得以显现，“八天才”的领袖罗伯特·诺伊斯指出：“传统的方法是万万不行的，但是我们可以用蒸发沉积金属工艺来代替热焊接导线，这是目前解决元件相互连接的最好方式。”不到半年时间，1959年7月，仙童公司也提交了集成电路的专利申请。为了争夺这个专利权，两家公司开始了无止无休的专利荣誉保卫战，实实在在给美国专利局出了一个大难题。由于实在是难分伯仲，1966年，富兰克林学会给仙童公司的诺伊斯和德州仪器的基尔比同时授予巴兰丁奖章。在提名上基尔比更胜一筹，他被誉为“第一块集成电路的发明家”；诺依斯则被誉为“提出了适合于工业生产的集成电路理论的人”。三年之后，法院最后下达“双黄蛋”式判决，从法律上承认集成电路这一伟大创举是两个人同时的发明。

20 世纪 50 年代，杰克·基尔比和罗伯特·诺伊斯分别发明了集成电路。这一发明奠定了现代微电子技术的基础，集成电路也取代了晶体管，这项发明不仅革新了我们的工业，也改变了我们生活的世界。如果没有他们的发明和后续的产业化，就不会有计算机的存在，信息化时代也仍然存在于科幻中。

第3章
集成电路的基础工艺

采用硅单晶制造集成电路的理由

生活在现代社会，没有谁能离得开半导体芯片，它飘在云端、陷于掌上、躲在幕后。我们国家每年进口芯片的花费已经超过了石油。据海关统计，2021年我国集成电路累计进口 4333.39 亿美元，同比增长 23.80%。在制造行业内有一句常话，装备是固化的成熟工艺，工艺是装备的极限应用。由于集成电路装备和材料（包括耗材）是密不可分的，02 专项的全称也是“极大规模集成电路制造装备及成套工艺”，所以在本章和第 4 章中，我们会把工艺、装备、材料放在一起介绍。

为什么高科技园区的代表叫“硅谷”？为什么在元素周期表的 118 种元素中，偏偏是“硅”在集成电路制造中获得了最广泛应用？其实在半导体材料的大家庭中，除了硅，还有锗、砷化镓、磷化镓、碳化硅以及铜、铁、锰等金属氧化物，它们都可以用作半导体，理论上都可以用来制作芯片。

硅在地壳中的含量为 26.3%，仅次于氧，是构成矿物和岩石的主要成分。因此，硅单晶材料的获取与其他半导体材料（如砷化镓、磷化铟和锗）相比要容易许多。不过硅在自然界总是以化合物的形式存在，因此需要通过还原反应才能制得高纯度的硅。随着硅的提纯技术和硅单晶拉制技术的日趋成熟，硅的大量使用已成为现实。

硅具有良好的热稳定性和化学稳定性。集成电路在制作过程中，需要经历各种热处理过程，其温度经常达到 900℃或更高。砷化镓等化合物半导体在此过程中易发生分解，而硅单晶材料可以耐受1200℃甚至更高的温度却保持性能稳定。此外，硅材料还具有良好的掺杂特性。在使用半导体材料来制作集成电路及其他电子元器件时，必须通过加入不同种类和浓度的杂质来调节其电学性能。硅材料的掺杂可控性相当好，通过掺入一定量的磷原子或硼原子，可以在相当大范围内调节硅材料的电学性能，使其满足电路设计的要求。

硅材料在超大规模集成电路工业中唱主角的另一个重要原因是，硅片表面可以形成绝缘性能极高的二氧化硅薄膜。通过将硅片放在氧气或水汽中加热的方法，可以在硅表面形成厚至数微米，薄至千分之几微米的二氧化硅层。这样形成的二氧化硅层非常致密，自身有着优异的电气性能，并且能和下面的硅单晶层有极好的匹配，基本不会在交界面上产生电活性。二氧化硅层在微电子工业中起着至关重要的作用。相比之下，在其他半导体材料中，还未找到另一种类似的绝缘介质层，能达到二氧化硅/硅体系所具有的优异电学性能和界面特性指标。所以，尽管砷化镓等材料具有比硅更好的高频性能和光电性能，但目前在超大规模集成电路工业中，仍然是硅材料独霸天下。

氧化、扩散和离子注入技术

单纯的硅晶体无法被直接使用，只有先制造成硅片，然后经过一系列的半导体制造工艺才能变成集成电路。这些工艺包括外延、氧化、薄膜淀积、溅射、光刻、扩散、刻蚀、离子注入等。这里我们着重介绍氧化、扩散和离子注入技术。

氧化是在硅片表面生长一层二氧化硅薄膜的过程。该薄膜是离子注入或热扩散的掩蔽层，也是确保器件表面不受周围大气影响的钝化层。它不仅是器件间电隔离的绝缘层，也是保证 MOS 工艺与多层金属化系统之间电隔离的重要组成部分。同时二氧化硅薄膜也可用于电极引线与其下方的硅器件之间的绝缘。氧化方法包括高温氧化、热分解沉积和阳极氧化等，热氧化的控制一般可以用“Deal-Grove 公式”来指导。在硅片表面生成高质量的氧化层（二氧化硅薄膜）对整个半导体集成电路制造过程具有重要意义。因此，了解二氧化硅薄膜的生长机理，控制和重复生成高质量的氧化层，对保证高质量集成电路的可靠性具有重要意义。

纯的单晶硅具有很高的电阻率，越纯的晶体，电阻率就越高。晶体的导电率可以通过掺入掺杂物调节，例如硼（B）、磷（P）、砷（As）或锑（Sb）。20 世纪 70 年代中期之前，掺杂是在高温炉中通过扩散过程完成的。无论高温炉是否用作扩散或其他用途（如氧化或热退火），放置高温炉的区域都被称为扩散区，高温炉称为扩散炉。目前先进的集成电路生产中只有少数的扩散掺杂过程，而高温炉主要用在氧化和热退火工艺中。扩散过程一般需要以下 3 个步骤：

（1）预沉积。在预沉积过程中将氧化掺杂物薄层沉积在晶圆表面。

（2）氧化。用一次氧化步骤将氧化掺杂物掺入生长的二氧化硅中，并且在靠近硅与二氧化硅界面的硅衬底表面形成高浓度的掺杂物区。

（3）掺杂物高温驱入。高温离子掺杂过程是将掺杂物原子扩散进入硅衬底达到设计要求的深度。

所有上述三道工序（预沉积、氧化和掺杂物高温驱入）都是高温过程，通常在高温炉中进行。当掺杂物扩散后，氧化层就用湿法刻蚀去除。但随着离子注入的出现，扩散工艺在制备浅结、低浓度掺杂和控制精度等方面的巨大劣势日益突出，在集成电路生产中的使用率已大大降低。

离子注入是另一种对半导体进行掺杂的方法。将杂质电离成离子并聚焦成离子束，在电场中加速获得极高动能后，注入硅中而实现掺杂。自肖克利于1954年在贝尔实验室首次提出以来，离子注入技术在20世纪70年代中期开始被使用，这在很大程度上革新了集成电路的制造生产过程。

绘制精细图形的光刻技术

集成电路的飞速发展有赖于相关的制造工艺——光刻技术的发展，光刻技术起步于20世纪60年代，是人类迄今所能达到的最高精度的加工技术。

光刻是将掩模版上的图形转移到涂有光致抗蚀剂（或称光刻胶）的硅片上，通过一系列生产步骤将硅片表面薄膜的特定部分去除的一种图形转移技术。光刻技术是在照相技术、平版印刷技术的基础上发展起来的半导体关键工艺技术。通俗易懂地说，集成电路制造是要在几平方厘米的面积上，成批地制造出数以亿计的器件，而每个器件的结构也相当复杂。这个规模相当于在一根头发丝的横截面上制造上百万个晶体管。光刻技术有些类似于印刷术或者照相的技术，首先需要一个模具，然后将模具上的图形结构转移到涂有光刻胶的基底上。然而由于要制造的晶体管结构相当小，只有借用“无孔不入”的光来实现这一功能，这就是光刻技术。顾名思义，就是用光来“雕刻”。

光刻技术的进步使得器件的特征尺寸不断减小，芯片的集成度和性能不断提高。在摩尔定律的引领下，光刻技术经历了接触式/接近式投影、光学投影光刻、步进重复投影、浸没式光刻、EUV 光刻等多代变革。曝光光源的波长由436 nm（G线）、365 nm（线），发展到248 nm（KrF），再到193 nm（ArF）。技术节点从1978年的1.5 μm、1 μm、0.5 μm、90 nm、45 nm，一直到目前的3 nm。

集成电路的发展，始终随着光刻技术的不断创新而向前推进。

目前半导体产业已经进军 3 nm 及以下工艺，但面临的物理限制越来越多，半导体工艺提升需要全新的设备。极紫外（EUV）光刻机是特征尺寸突破 10 nm 及之后的 7 nm、5 nm、3 nm 工艺的关键，而波长 13.5 nm 的极紫外光极可能成为下一代光刻光源。激光等离子体极紫外（LPP-EUV）光源由于具有较好的功率扩展能力，目前被认为是最有希望的高功率 EUV 光刻光源。

荷兰 ASML 公司在 EUV 光刻机领域占据领先地位。EUV 光刻机每台价值上亿美元。因 EUV 产量有限，对芯片制造厂商来说仍是一机难求、排队提货。Intel、三星和台积电公司积极采购 EUV 光刻机，以谋求在 3～10 nm 节点采用 EUV 工艺来提高密度并降低成本。

刻蚀技术

腐蚀技术在半导体工艺里常被称为刻蚀技术。刻蚀技术的工艺原理是，在硅片表面涂敷一层感光抗蚀剂，透过掩模对抗蚀剂层进行选择性曝光，由于抗蚀剂层的已曝光部分和未曝光部分在显影液中的溶解速度不同，经过显影后在衬底表面留下了抗蚀剂图形，以此为掩模就可对衬底表面进行选择性腐蚀。如果衬底表面存在介质或金属层，则在选择腐蚀后，图形就转移到介质或金属层上。

通常在晶圆加工流程中，刻蚀工艺位于光刻工艺之后，有图形的光刻胶层在刻蚀中不会受到腐蚀源的显著侵蚀，从而完成图形转移的工艺步骤。利用这种技术可以制作尺寸微小的器件和电路。因此，刻蚀技术是决定集成电路微细尺寸的核心基础技术。

为在硅片表面材料上复制掩模图案，需要设置一定的刻蚀参数，包括刻蚀速率、刻蚀剖面、刻蚀偏差和选择比等。刻蚀速率是指刻蚀过程中去除硅片表面材料的速度；刻蚀剖面指的是刻蚀图形的侧壁形状，通常分为各向同性剖面和各向异性剖面；刻蚀偏差指的是线宽或关键尺寸间距的变化，通常由横向钻蚀引起；选择比指的是同一刻蚀条件下两种材料的刻蚀速率比，高选择比意味着不需要的材料会被刻除。

工业上有两种不同的刻蚀方法：

湿法刻蚀：使用液态化学试剂或溶液通过化学反应进行刻蚀的方法。

干法刻蚀：利用低压放电产生的等离子体中的离子或游离基（处于激发态的分子、原子和各种原子基团等）与材料发生化学反应或通过轰击等物理作用而达到刻蚀的目的。

湿法刻蚀是将刻蚀材料浸泡在腐蚀液内进行腐蚀的技术。它是一种纯化学刻蚀，具有优良的选择性，它刻蚀完当前薄膜后就会停止，而不会损坏下面一层其他材料的薄膜。在硅片表面清洗及图形转换中，湿法刻蚀一直沿用至 20 世纪 70 年代中期，即一直到特征尺寸开始接近薄膜厚度时。因为所有的半导体湿法刻蚀都具有各向同性，所以无论是氧化层还是金属层的刻蚀，横向刻蚀的宽度都接近于垂直刻蚀的深度。此外，湿法刻蚀还受更换槽内腐蚀液而必须停机的影响。目前，湿法工艺一般被用于工艺流程前面的硅片准备阶段和清洗阶段。而在图形转换中，干法刻蚀已占据主导地位。

光刻和刻蚀是两种不同的加工工艺。这两个工艺只有连续交替进行，才能完成真正意义上的图形转移。

薄膜淀积技术

薄膜淀积是芯片加工过程中一个至关重要的工艺步骤，通过淀积工艺可以在硅片上生长出各种导电薄膜层和绝缘薄膜层。随着特征尺寸越来越小，在如今的硅片加工过程中，需要 6 层甚至更多层的金属来做连接，各金属层间的绝缘就显得非常重要了，所以在芯片制造过程中，选择淀积可靠的薄膜材料是关键所在。

半导体器件工艺里的薄膜是一种固态薄膜。薄膜淀积是指任何在硅片衬底上淀积一层薄膜的工艺，所淀积的薄膜可以是导体、绝缘材料或者半导体材料，例如二氧化硅（SiO_2）、氮化硅（Si_3N_4）、多晶硅或金属（铜，钨）。与衬底相比，薄膜非常薄。

淀积薄膜时，一些特性需要被关注。例如好的“台阶”覆盖能力，硅片表面由于多层金属和 MOS 器件的存在会有“台阶”形成。薄膜在覆盖“台阶”时，可能会在过渡的地方变得更薄，不均衡的应力将使衬底变形，因此薄膜的“台阶”覆盖能力就很重要，否则“台阶”部分可能会裸露。薄膜的厚度均匀性、高密度和高纯度都很重要，这些参数在制造薄膜时都需要充分考虑。

薄膜淀积技术可以分为化学气相沉积（CVD）和物理气相沉积（PVD）。CVD 技术包括常压化学气相沉积（APCVD）、等离子体增强化学气相沉积（PECVD）和气相外延（VPE）等。PVD 技术包括溅射、电子束和热蒸发等。

化学气相沉积（CVD）是半导体工业中最广泛应用于沉积多种材料的技术，包括大范围的绝缘材料，大多数金属材料和金属合金材料。CVD 技术的原理十分简单：将两种或两种以上的气态原材料导入到一个反应室内，它们之间相互发生化学反应，形成一种新的材料，并沉积到晶片表面上。淀积氮化硅膜就是一个很好的例子，它是由硅烷和氮反应形成的。化学气相沉积是传统的制备薄膜的技术，其原理是利用气态的前驱反应物，通过原子、分子间的化学反应，使得气态前驱体中的某些成分分解，而在基体上形成薄膜。

物理气相沉积（PVD）是指在真空条件下，采用低电压、大电流的电弧放电技术，利用气体放电使靶材蒸发并使被蒸发物质与气体都发生电离，再利用电场的加速作用，使被蒸发物质及其反应产物沉积在工件上。物理气相沉积的原理是利用物理过程实现物质转移，将原子或分子由源转移到基材表面上的过程，它的作用是可以将某些有特殊性能（强度高、耐磨、散热好、耐腐蚀等）的微粒喷涂在性能较低的本体上，使得本体具有更好的性能。

大硅片制造有多难

硅片是指硅半导体集成电路制造所用的硅晶片，由于其形状为圆形，故称为晶圆。按照晶圆大小可分为 6 英寸（1 英寸=2.54 cm）及以下直径的小硅片和 8 英寸及以上直径的大硅片。硅片是集成电路材料的主角，也是集成电路制造的起始点。在硅晶片上可加工制造各种结构的电子元器件，从而生成有特定电气性能的集成电路 IC 产品。通常晶圆尺寸越大，每个晶片的单位成本越低。但同时晶圆的尺寸越大，生产技术难度也越大。所以，谁能生产大尺寸的晶圆，谁就占优势。

硅在自然界中以硅酸盐或二氧化硅的形式广泛存在于岩石、砂砾中，半导体硅片的制造可以归纳为 3 个基本步骤：硅提炼及提纯、单晶硅生长和晶圆成型。每一步都需要艰苦的技术攻关，例如在第一步“硅提炼及提纯”中，相比光伏级多晶硅 99.9999%的纯度，电子级多晶硅的纯度要求达到 99.999999999%。更高的纯度意味着更加复杂的生产和提炼过程，“11 个 9”的纯度，相当于 5000 吨的电子级多晶硅中总的杂质含量仅有不到一枚 1 元硬币的质量。

半导体硅片的后两步生产流程大致包括：拉晶→滚磨→线切割→倒角→研磨→腐蚀→热处理→边缘抛光→正面抛光→清洗→检测→外延等步骤，如图 3-1 所示。其中拉晶、滚磨和抛光是保证半导体硅片质量的关键，涉及单晶炉、滚磨机、切片机、倒角机、研磨设备、CMP 抛光设备、清洗设备和检测设备等多种生产设备。超大规模集成电路大硅片制造的核心是要解决大直径、控制纳米级缺陷、少杂质、精抛光等难题。仅在大直径方面需要解决的挑战有：计算机模拟晶体生长技术、热场设计技术、磁场设计和控制技术、导流筒设计技术等。

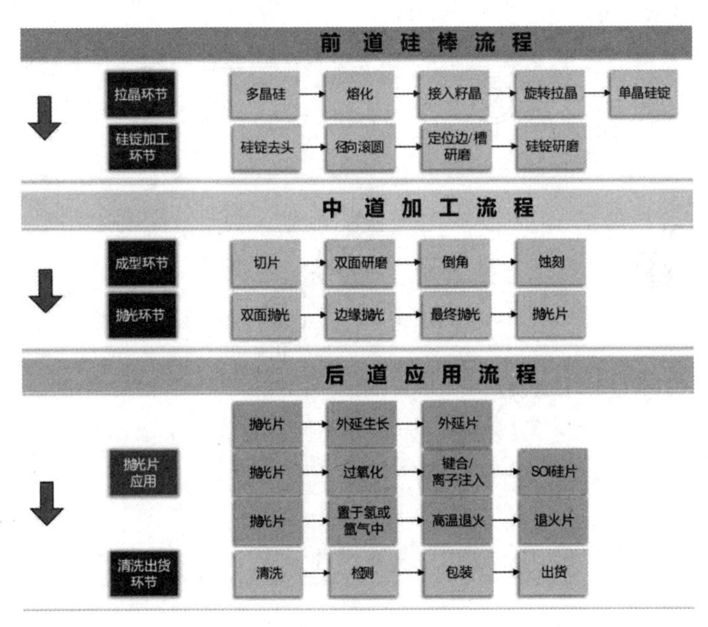

图 3-1　硅片生产工艺流程示意图

目前市场上需求量最大也是国内最需要的各类 12 英寸，即 300 mm 的硅片，包括 P−、P+、N−和 N+等类型的抛光片，还有在抛光片的表面用特殊的方式在氢气（H2）或氩气（Ar）的反应环境下制作成表面优化的回火硅晶片（Annealed Wafers），以及使用化学气相沉积（CVD）技术生产的特定厚度与浓度的各类超高品质（Superior Crystaline）外延片（EPI Wafers）。在当前高技术挑战和产业规模化竞争下，全球硅片生产企业已由几百家缩减到现在的几十家，排名前 5 家企业的市场占比超过 90%。目前全球能够量产供应 12 英寸硅片的企业不足十家，我国企业已经入围其中。

从 0 到 1：异军突起的中国军团

集成电路制造技术代表着当今世界微细制造的最高水平，而集成电路制造业及其配套装备、材料业又是一个高投入、高风险、知识密集、产业规模大、产业链协同效应强的基础且高端的工业领域。长期以来，我国集成电路工业规模与世界最高水平整体差距明显。但在过去一二十年中，随着国家加大投入和各界关注，特别是在“极大规模集成电路制造装备及成套工艺”专项的实施牵领下，我国集成电路制造技术和产业较快实现了“从无到有”“由弱渐强”的巨大变化，基本建立起一套产业技术创新体系，引领和支撑我国集成电路产业持续发展。专项使得一大批我国集成电路制造装备及成套工艺领域原来薄弱或近乎空白的区域，实现了从 0 到 1，从 1 到 2，甚至从 1 到 10 的爬坡和阶跃，其中主要的进展包括以下几个方面：

高端装备和材料从 0 到 1，填补产业链空白，形成良性发展的产业生态

专项实施前我国集成电路高端装备和材料规模化基本处于空白状态，最先进的成套装备依赖进口，产业链严重缺失。经过十余年上下协同，我国研制出 7 nm 刻蚀机、薄膜沉积设备、兆声波清洗机等 30 多种高端装备和靶材、抛光液、高纯气体等上百种材料产品，性能达到国际先进水平，纷纷通过了生产线的现场考核，开始批量应用并少量出口到海外，从而实现了从无到有的突破，建立起了完整的产业链，我国集成电路制造技术体系和产业生态得以建立和完善。

制造工艺与封装集成从 1 到多，技术水平实现跨越，国际竞争力大幅提升

过去 15 年，我国集成电路制造主流工艺水平提升了 6 代。22 nm、14 nm 和更先进的技术成套工艺研发成功并实现成熟量产，形成了较高的知识产权开

发能力。封装企业从低端进入中高端，三维高密度集成技术达到国际先进水平。这些工艺制造的用于智能手机、通信设备、物联网等领域的芯片产品大批量进入市场，大大增强了我国信息产业国际竞争力。同时，专项成果也向LED照明、传感器、光伏等泛半导体产业辐射溢出。

知识产权快速积累，基本形成自主创新体系，支撑企业长期滚动良性发展

缺乏自主知识产权一直是制约我国集成电路企业自主创新发展的瓶颈问题。“极大规模集成电路制造装备及成套工艺”专项重视创新技术研发，提出了“专利导向下的研发战略”，从战略高度布局核心技术的知识产权。近年来，共申请三万余项国内外发明专利，形成了知识产权体系，极大提升了我国集成电路技术自主创新能力，促使我国集成电路制造技术发展模式从“引进消化吸收+再创新”转变为“自主研发为主+国际合作并跑”的新模式。在最新的报道中，已有我国研究机构与国际芯片巨头达成专利授权许可协议。

建立技术创新和产业协同机制，基本形成完整产业链条，培育出一批具有国际竞争力的企业

“极大规模集成电路制造装备及成套工艺”专项，以培育世界级企业为目标，建立了一套有效的组织方法，成为体制机制创新的亮点。在专项任务支持和资金辅助下，通过产学研用协同攻关，一大批“种子、苗子、林子”已经出现、成长。尤其在国家集成电路产业投资基金、科创板等资本要素催化下，专项承担单位或衍生与服务的企业中上市的数以百计，全面构建起了较为完整的集成电路产业技术创新体系，聚集和培养了一支世界一流的集成电路产业技术人才队伍，极大地提高了国内企业的可持续创新能力，也提升了国际集成电路行业的创新能力和水平。

第 4 章 集成电路的制造工艺

集成电路制造入门：双极型集成电路

集成电路就是把一定数量的电子元器件（如电阻、电容、电感、晶体管等）及它们之间的连线，通过半导体制造工艺集成在一起的，具有特定功能的电路。集成电路的发明者 Jack Kilby 在 1976 年发表的回忆性文章《集成电路的诞生》中如是写道："细想之后，我发现我们真正需要的其实就是半导体，具体来说，就是电阻器和电容器（无源元件）可以采用与晶体管（有源器件）相同的材料制造。我还意识到，既然所有元器件都可以用同一块材料制造，那么这些元器件也可以先在同一块材料上就地制造，再相互连接，最终形成完整的电路。"集成电路制造一定程度上讲，就是规模化制造不同结构的器件与连线，互连后实现预定的功能。

下面，我们按双极型、MOS、CMOS 器件制造的脉络进行梳理，中间插入了布局布线相关内容，接着探讨了 FinFET 和 GAAFET 等新器件结构，最后介绍装备制造的代表企业和我们走过的路。

双极型集成电路最早于 1958 年被发明。在早期的集成电路生产中，双极型工艺最早成熟，它具有高速、高跨导、低噪声和较高的电流驱动能力等优势。同时，双极型晶体管是电流控制器件，而且是两种载流子（电子和空穴）同时起作用，它通常应用在电流放大型电路、功率放大型电路和高速 CMOS 数字逻辑电路中。双极型集成电路主要以硅材料为衬底，在平面工艺基础上采用埋层工艺和隔离技术，以双极型晶体管为基础元件。除同质结双极晶体管外，还有异质结双极晶体管（HBT）。双极型集成电路的制造工艺，是在平面工艺基础上发展起来的，它具有以下新工艺特点和结构特征。

隔离技术：双极型集成电路中各器件之间需要进行电隔离。制造时先把硅片划分成一定数目的相互隔离的隔离区，然后在各隔离区内制造晶体管和电阻、电容等元器件。在常规工艺中大多采用 PN 结隔离，即用反向 PN 结达到元器件之间相互绝缘的目的。除 PN 结隔离以外，有时也采用介质隔离或两者混合的隔离方法。

埋层工艺：双极型集成电路中需要增添深埋层。通常，双极型集成电路中晶体管的集电极，必须从底层向上引出连接点，因而增加了集电极串联电阻，不利于电路性能。为了减小集电极串联电阻，制作晶体管时在集电极下先扩散一层深埋层，可为集电极提供电流低阻通道并减小集电极的串联电阻。

互连：双极型集成电路元器件间需要互连线，通常为金属铝薄层互连线。交叉时采用磷桥连接法。

扩散电阻：电路中按电阻阻值大小选择制备电阻的工艺，大多数是利用晶体管基区 P 型扩散制作 P 型扩散电阻。

寄生效应：双极型集成电路的纵向 NPN 晶体管比分立晶体管多一个 P 型衬底和一个 PN 结。它是三结四层结构，增加的衬底层是所有元器件的公共衬底，增加的一个 PN 结是隔离结（包括衬底结)。双极型集成电路因是三结四层结构而会产生特有的寄生效应：无源寄生效应、扩散电阻的寄生电容和有源寄生效应。

双极型集成电路的大致生产流程如下。

（1）衬底选择：确定衬底材料类型，确认衬底材料的电阻率，确定衬底材料的晶向。

（2）第一次光刻：深埋层制备。

（3）外延层淀积。

（4）第二次光刻：隔离区制备。

（5）第三次光刻：基区制备。

（6）第四次光刻：发射区制备。

（7）第五次光刻：引线孔制备。

（8）铝淀积。

（9）第六次光刻：互连金属线制备。

整套双极型集成电路掩模版共有 7 块，即使通常省去钝化工艺，也需要进行 6 次光刻，需要至少 6 块掩模版。

集成电路制造进阶一：MOS 集成电路

金属—氧化物—半导体场效应晶体管（Metal-Oxide-Semiconductor Field-Effect Transistor，MOSFET）是集成电路最重要的基本单元。它的研制最早源自 1959 年的贝尔实验室，并申请了美国专利 US19600032801，Electric field controlled semiconductor device。这一发明很快就引起了产业界的高度关注，特别是美国无线电公司和仙童半导体公司。直到 1962 年，美国无线电公司就发明了真正意义上的全球第一个 MOSFET（简称 MOS）集成电路，它由 16 个晶体管集成一个 MOS 器件。

在 MOS 集成电路出现之前，集成电路一直使用的是双极型晶体管。一般来说，双极型晶体管常被用作超高速开关，其固有的放大特性使其易于开启或关闭。虽然 MOSFET 比双极型晶体管慢，但它具有更加便宜、输入阻抗高、噪声低、动态范围大、功耗小、易于集成等优势。当然，这两种晶体管都有各自的不同应用用途。MOSFET 也可以在电子掺杂和空穴掺杂模型中制造，在电子中掺杂称为 NMOS，在空穴中掺杂称为 PMOS。

金属、氧化物、半导体在 MOSFET 中分别用作栅极、栅介质，沟道和源漏极。通过控制栅电压来改变沟道区的积累、耗尽和反型，从而实现晶体管开关。每一个 MOS 管都提供有 3 个电极：栅极 Gate（表示为“G”）、源极 Source（表示为“S”）、漏极 Drain（表示为“D”）。接线时，N 沟道的电源输入为 D，输出为 S；P 沟道的电源输入为 S，输出为 D。NMOS 管的源极和漏极是可以对调的，它们都是在 P 型衬底中形成的 N 型区。同样，PMOS 的源极和漏极也是可以对调的。

MOS 制造工艺简单来说，由 14 个步骤组成：

（1）双阱工艺注入，在硅片上生成 N 阱和 P 阱。

（2）浅槽隔离工艺隔离硅有源区。

（3）多晶硅栅结构工艺得到栅结构。

（4）轻掺杂（LDD）漏注入工艺形成源漏区的浅注入。

（5）形成保护沟道的侧墙。

（6）源漏（S/D）注入工艺形成的结深大于LDD的注入深度。

（7）接触（孔）形成工艺在所有硅的有源区形成金属接触。

（8）局部互连（LI）工艺。

（9）通孔1和钨塞1的形成。

（10）金属1（M1）互连的形成。

（11）通孔2和钨塞2的形成。

（12）金属2（M2）互连的形成。

（13）制作金属3直到制作压点及合金。

（14）参数测试，验证硅片上每一个管芯的可靠性。

在 MOS 集成电路发明之前，所有的集成电路都处于中小规模的集成度中，并且体积较大、速度较慢。正是 MOS 集成电路的发明，开启了集成电路工业化的大门，开创了全球半导体技术发展史上的一个里程碑，为后来独领风骚的互补金属氧化物半导体（Complementary Metal Oxide Semiconductor，CMOS）技术奠定了最初的理论基础。

集成电路制造进阶二：CMOS 集成电路

我们在新闻中经常会听到这样的报道："在指甲盖大小的芯片上，集成了100 亿个晶体管"。这里的晶体管目前主要是互补金属氧化物半导体（Complementary Metal Oxide Semiconductor，CMOS）。所谓互补是指 CMOS 由 NMOS 晶体管和 PMOS 晶体管以推挽的方式构成。NMOS 晶体管和 PMOS 晶体管统称为 MOS 管，其结构如图 4-1 所示，简单来说就是在半导体硅衬底上盖了一层二氧化硅作为绝缘体，再在二氧化硅上铺一层薄薄的金属，这层金属有个学名叫栅极，同时在金属的两端挖孔，放入两个电极，分别称为源极和漏极。若把 NMOS 晶体管和 PMOS 晶体管组合起来，就是 CMOS 管，组合方式如图 4-2 所示。NMOS 和 PMOS 的栅极接在一起成为 CMOS 的控制端，漏极接在一起成为 CMOS 的输出端。

CMOS 管是如何工作的呢？当控制端为低电平时，PMOS 管导通，NMOS 管关断，输出端与电源正极接通，输出为高电平。当控制端为高电平时，NMOS 管导通，PMOS 管关断，输出端与电源地接通，输出为低电平。举个形象的例子，可以把 CMOS 看作水闸，有一条河流从上源端经过这个水闸流向下源端，有一个蓄水池在输出端。输入低电平相当于水闸打开，水从上游流向蓄水池；输入高电平相当于水闸关闭，蓄水池中的水向下游流去。蓄水池中有水流入就相当于输出逻辑高电平 1，有水流出就相当于输出逻辑低电平 0，实现了逻辑控制功能。

CMOS 管是互补结构，工作时两个串联的场效应管总是处于一个管导通、另一个管截止的状态，电路静态功耗理论上为零。实际上，由于存在漏电流，CMOS 电路尚有微量静态功耗。单个 CMOS 电路的功耗典型值仅为 20 mW，动态功耗（在 1 MHz 工作频率时）也仅为几毫瓦。CMOS 集成电路的逻辑高电平 1、逻辑低电平 0 分别接近于电源高电位 VDD 和电源低电位 VSS。当 VDD=15 V，VSS=0 V 时，输出逻辑摆幅近似 15 V。因此，CMOS 集成电路的电压利用系数在各类集成电路中是较高的。CMOS 的栅极和其他各极间有绝缘层相隔，在直流状态下，栅极无电流，所以静态时栅极不取电流，输入电平与外接电阻无关，并且输入阻抗非常高。CMOS 电路还有工作电源电压范围宽、抗干扰能力强、温度稳定性好、扇出能力强等特点，因而在今天的集成电路设计中仍占有主导地位，是建造集成电路大厦的基础电路。

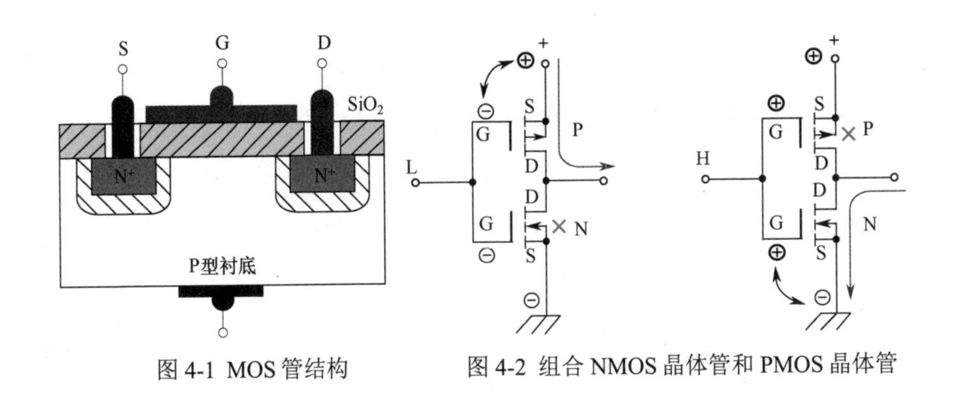

图 4-1 MOS 管结构　　图 4-2 组合 NMOS 晶体管和 PMOS 晶体管

多层布线

上文已经选择性地介绍过了集成电路制造的氧化、扩散和离子注入技术和刻蚀、光刻、薄膜沉积等工艺，其间省略了清洗、抛光、测量等步骤的介绍。下面从器件制造好的互连和新器件结构开始进行内容扩展。

集成电路上有各种元器件，例如 MOS 管、电阻、电容等，都需要通过金属导线按照电路功能将其连接后工作，这就是集成电路的互连线，或称布线。由于互连线由金属构成，所以在布线时需要考虑互连线的长度、厚度和宽度。同时互连线之间不能违规相交或粘连，以免发生短路。此外，互连线也不能穿过薄的氧化层，以防止电流过热击穿氧化层导致电路功能异常。

在中、小规模集成电路中，由于集成的元器件数量不是很多，各元器件之间空间充足，因此只需要在同一平面上布线即可，这也被称为单层布线。然而随着芯片集成度提升，在同一尺寸下集成的元器件越来越多，元器件之间的空间也越来越小，金属布线越发复杂，要在同一平面上避免互连线的交叉是十分困难的，所以单层布线已经无法满足大规模集成电路了，这使得多层互连线的使用成为必然。从空间上看，采用交叉排布的金属互连线可以将连线之间的干扰降低并且尽可能连接更多的元器件。从面积上看，同一表面积采用多层互连线可以充分利用宝贵的芯片面积，更多层的互连线从上至下排布方便了立体设计更复杂的集成电路。

对于多层布线，第一层金属主要用于器件各个极的接触点及器件间的部分连线，这层金属通常较薄、较窄、间距较小。第二层金属主要用于器件间及器件与焊盘间的互连，并形成传输线。两层金属及其间的隔离层会形成寄生电容。多数大规模集成电路中会使用三层以上的金属，最上面一层通常用于供电及形成牢固的接地，其他较高的几层用于提高密度和方便自动化布线。采用多层布线技术有以下好处：

增加了设计的灵活性，减少了排版布线的困难程度。

可以加大布线的条宽，减少导线的电流密度，提高了电路的可靠性。

可以减少互连线所占用的面积，使元器件能以更紧凑的方式排列，因而提高了电路的集成度和性能。

多层布线的提出开启了集成电路发展的一个新阶段，可以说多层布线是目前集成电路微细化和高密度化的关键。尤其是大规模集成电路中的多层布线，对于大规模集成电路的成品率提高和成本降低是一个重要因素。在芯片高度集成的情况下，一些工艺的互连线已多达十层以上，互连线的结构越发复杂，互连线的影响也越来越大，需要谨慎考虑互连线使用何种金属。

布线的转轨：从铝到铜

大型集成电路内部器件越来越多，密度越来越大，器件的特征尺寸逐渐缩小，甚至可以将数十亿个晶体管和其他元器件集成在一个面积约 1 平方厘米甚至更小的衬底上。这对布局布线提出了不小的挑战。器件特征尺寸的变小，导致互连线越来越细，互连线横截面和线间距的减小，使得电阻、电容、电感引起的寄生效应越来越影响电路的性能，互连寄生延迟成为限制整体信号传播延迟的重要原因。所以集成电路的互连线的发展对集成电路的发展影响深远。减少寄生延迟、动态功耗和相位噪声，成为研究集成电路互连线新材料的动力。

集成电路金属互连线在选材方面，需要具有较小的电阻率且易于沉淀和刻蚀。在集成电路芯片中，金属互连线通常要能够承受很高的电流强度。在高电流强度下，集成电路芯片中容易出现电迁移。由于金属离子变得活跃了，大量电子的猛烈撞击就发生宏观迁移现象。电迁移使得金属离子会在阳极堆积，在阴极出现空洞，导致金属引线断裂，从而造成整个集成电路失效。因此集成电路金属互连线还需要具有良好的抗电迁移特性。

铝基本上可以满足作为集成电路互连线的性能要求，所以集成电路中最初常用的互连线金属材料是铝。在室温下铝的导电率高，与 N 型硅、P 型硅或多晶硅的欧姆接触电阻低，与硅和磷硅玻璃的附着性很好，易于沉淀与刻蚀。在传统的铝互连工艺技术中，互连线的加工流程是首先在介质层上淀积金属铝，然后以光刻胶作为掩模，刻蚀形成金属互连线的图形。随着集成电路制造工艺越来越成熟，特征尺寸做得越来越小，铝互连线也暴露出许多致命的缺陷，其中尖端放电现象和电迁移现象最为严重。

集成电路金属互连线制造工艺达到纳米级后，因为超高纯铜具有更佳的电阻率和抗电迁徙能力，铜就取代铝成为金属互连线的主要材料。但铜替代铝成为集成电路互连线，也面临已成熟的铝互连工艺不适用于铜互连的问题。比如在干法刻蚀中，等离子体不能与铜发生反应生成易挥发的副产物；而且铜在硅和二氧化硅中扩散得很快，这使衬底的介电性能严重减弱，用一般的刻蚀方法难以刻蚀形成互连图形。为将铜用作集成电路互连线的材料，需要发展全新的布线工艺，目前应用最普遍的是大马士革工艺。

关于大马士革工艺，我们以第一层金属互连线 Metal1 举例说明。先把掩模上 Metal1 的图形投到光刻胶上。需要说明的是，铜 Metal1 的掩模，是 Clear 区域（亮区）。也就是说有 Metal1 的区域，需要刻蚀掉。然后通过刻蚀技术，在金属间的介质层中刻蚀出通孔和金属线的沟槽。再沉积铜，最后通过化学机械抛光技术，去除沟槽外的铜，达到平坦化。大马士革工艺的优势是处理铜时无须干法刻蚀，而是刻蚀沟槽然后填充并沉淀铜，从而顺利解决了铜互连技术问题。

有人会问，为什么 65 nm 工艺的金属互连线是 Clear 区域（亮区），而 0.5 μm 工艺的却是 Dark 区域（暗区）？简单来说，0.5 μm 的工艺是铝工艺，铝工艺是先沉积一层铝材料，去除掉不要的铝，留下作为连线的铝。而 65 nm 是铜工艺，因为铜刻蚀的困难性，会通过在金属与金属的隔离层上挖槽，再把铜填进去，最后通过 CMP 磨掉多余的铜。

布线是集成电路制造的必要环节，对它的研究包括多层布线层间膜、电容膜、图论和算法问题，以及布线产生的寄生效应、耦合效应等。工业上关注的重点，仍是对金属互连线的优化。

站起来的晶体管：鳍式场效应晶体管 FinFET

鳍式场效应晶体管（Fin Field-Effect Transistor，FinFET）是一种新型互补式金属氧化物半导体晶体管。图 4-3 是 FinFET 的电镜照片。FinFET 的形状，和鱼背上竖起的鱼鳍类似，因而得名。这种设计可以增强电路控制并减少漏电流，同时缩短晶体管的闸长。值得说明的是，FinFET 技术是加州大学伯克利分校的胡正明教授在 1998 年-1999 年发明并命名的。2011 年，Intel 率先宣布应用，Core i7-3770 之后的 22 nm 处理器都采用了 FinFET 技术。现在 FinFET 又进化出双栅、三栅和环栅（全栅）等新结构类型。

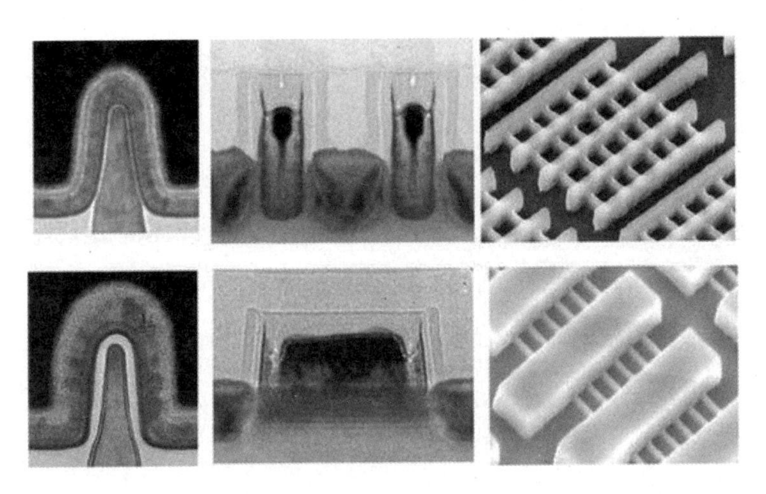

图 4-3 电子显微镜下的鳍式场效应晶体管（FinFET）结构

MOSFET 结构自发明以来，到现在已使用超过 50 年。当栅极长度缩小到 20 nm 时，它遇到了许多问题，其中最麻烦的是栅极长度愈小，源极和漏极的距离就愈近，栅极下方介质也愈薄，电子有可能偷偷溜过去产生漏电，即量子隧道效应。另外一个更麻烦的问题是短沟道效应，原本电子是否能由源极流到漏极是由栅极电压来控制的，但是栅极长度愈小，则栅极与通道之间的接触面积愈小，也就是栅极对通道影响力愈小，要如何才能保持栅极对通道的影响力呢？解决方法是：把原本 2D 构造的 MOSFET 改为 3D 的 FinFET。在传统晶体管结构中，控制电流通过的闸门，只能在闸门的一侧控制电路的接通与断开，属于平面架构。而在 FinFET 的架构中，闸门呈类似鱼鳍的叉状 3D 架构，可于电路的两侧控制电路的接通与断开。这种设计可以大幅改善电路控制并减少漏电流，也可以大幅缩短晶体管的栅长。

在每一代新技术中，芯片制造商都能够将晶体管规格微缩三成，从而实现 15%的性能提升、50%的面积减小、40%的功耗降低和 35%的成本降低。业界为了维持这种微缩路径，逐渐从传统平面 MOSFET 过渡到立体的 FinFET 架构，2021 年底的安卓旗舰手机芯片高通骁龙 8 gen1，就是使用台积电 FinFET 工艺制造的。FinFET 栅长现在已能缩小至 5 nm，约是人类头发直径的五万分之一。简而言之，FinFET是栅极长度缩小到28 nm以下的关键技术里程碑，谁拥有这一领域的工艺制程与基础专利，谁就取得了真正的核心竞争力。

已经到来的下一代晶体管：全栅场效应晶体管GAAFET

集成电路的发展史，就是晶体管尺寸的微缩史。从MOS管发明开始，遵循着摩尔定律一步一步走到了今天的5 nm时代。在这一过程中，每当摩尔定律遭遇困境，总会有新的技术及时出现救场解围，并牵引着摩尔定律继续前行。自从2011年在22 nm节点上被英特尔首次采用以来，鳍式场效应晶体管（FinFET）在过去的十年里，一直是半导体器件的主流结构。

5 nm之后，鳍式场效应晶体管现在又面临一系列的问题。首先随着栅线间的间距进一步减小，很难再像之前那样在一个单元内填充多个鳍线。而如果只做一个鳍线的话，生产工艺又很难保证不同器件之间的性能一致。因为控制多个鳍线的平均尺寸，要远比控制单个鳍线的尺寸容易得多。其次，也是更为致命的问题是，随着栅线之间的间距进一步减小，鳍式场效应晶体管的静电问题急速加剧并直接制约晶体管性能的进一步提升。这里所说的静电问题是指鳍式场效应晶体管本身的结构带来的一系列寄生电容和寄生电阻的问题。因此，在5 nm之后，集成电路工业界迫切需要一个新的结构来替代鳍式结构，这就是全栅场效应晶体管（Gate-All-Around FET，GAAFET）。

尽管各种新型晶体管方案不断地被提出，然而集成电路工业界真正青睐的是能够允许他们继续使用现有设备和技术成果的方案。正是基于这一原因，全栅场效应晶体管被广泛认为是鳍式结构的下一代接任者。尽管台积电和三星两大晶圆代工厂已经在7 nm和5 nm工艺节点上提供了庞大的产能，但台积电、三星和英特尔正在努力攻克基于环绕栅极晶体管（GAA）技术的3 nm和2 nm工艺节点。在2019年的三星晶圆制造论坛上，三星明确表示将会在3 nm节点放弃鳍式结构，转向全栅场效应技术。而在刚过去的台积电第 26 届技术研讨会上，台积电也正式宣布将在 2 nm 节点引入全栅场效应技术。GAAFET 可以带来更好的可扩展性、更快的开关时间、更优的驱动电流和更低的泄漏。工艺成熟的 FinFET 目前依然是半导体厂商关注的核心，包括台积电暂缓在 5 nm 工艺上使用 GAAFET，仍使用 FinFET。但台积电在其 2020 年研讨会上宣称，相比 N5 技术，N3 技术可在提升 50%性能的同时降低 30%的功耗，工艺密度是 N5 技术的 1.7 倍。

全栅场效应晶体管的结构所需的生产工艺与鳍式场效应晶体管相似，可以继续使用现有的设备和技术成果。GAAFET 实现了对通道更好的控制，例如栅极与通道之间的接触面积更大。寄生电容和寄生电阻问题得到显著改善。全栅场效应晶体管的出现使得摩尔定律在 5 nm 之后仍在延续。

胡正明的故事

胡正明教授是一位微电子领域里的重要开拓者，他发明的鳍式场效应晶体管（见图 4-4）对集成电路的发展产生了重要影响。胡正明 1947 年 7 月出生于北京，1973 年获美国加州大学伯克利分校博士学位。他 1997 年当选为美国工程科学院院士，2007 年当选为中国科学院外籍院士。他早期的科技成就包括领导研究出 BSIM，从实际 MOSFET 晶体管的复杂物理结构推演出数学模型，该数学模型于 1997 年被国际上 38 家大公司参与的晶体管模型理事会选为设计芯片的第一个且唯一的国际标准。对微电子器件可靠性物理研究贡献突出：提出热电子失效的物理机制，开发出用碰撞电离电流快速预测器件寿命的方法，并且提出薄氧化层失效的物理机制和用高电压快速预测薄氧化层寿命的方法。首创了在器件可靠性物理的基础上的 IC 可靠性计算机数值模拟工具。

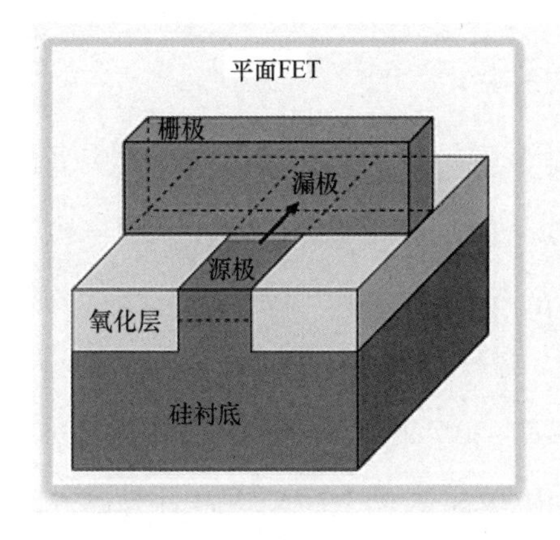

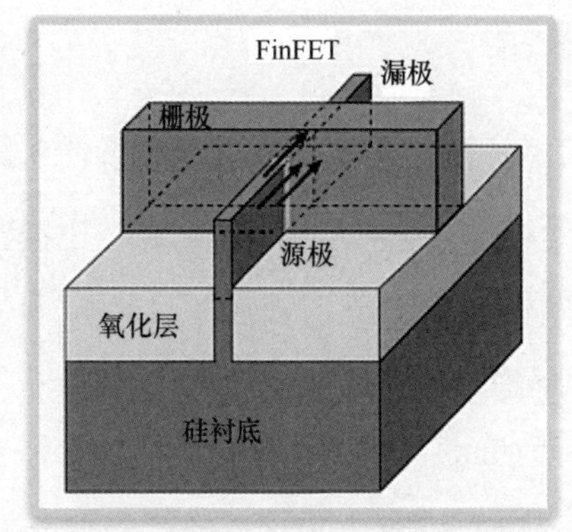

图 4-4　鳍式场效应晶体管（FinFET）结构

胡正明教授的诸多成就中最让他扬名立万的是 FinFET 这一新结构器件。1998 年、1999 年胡正明教授团队分别提出了 n 沟道 FinFET 和 p 沟道 FinFET。由于晶体管栅极形状类似鱼鳍，故将其命名为鳍式场效应晶体管。这在当时是世界上体积最小的晶体管，同时又是当时通过电流最大的晶体管。在此之前，集成电路里的晶体管是平面晶体管，需要的面积相对较大，很快就将达到极限。但鳍式场效应晶体管则可以将晶体管的尺寸缩小到 20 nm 以下，电脑芯片的容量会比以前提高 400 倍。直到现在，7 nm、5 nm 工艺使用的仍然是鳍式场效应晶体管技术。如果不是胡正明教授的这项技术突破，摩尔定律早在多年前就会失效。

刊登于《科学》杂志的复旦大学发明：半浮栅晶体管（SFGT）

复旦大学微电子学院张卫教授领衔的科研团队，研制出一种新型的微电子器件——半浮栅晶体管（SFGT），可让数据擦写更容易、速度更快、操作电压更低，为设计低功耗芯片奠定了基础。相关研究成果刊登在 2013 年 8 月 8 日出版的《科学》杂志上。这是我国科学家在该杂志上发表的第一篇微电子器件方面的论文。

目前集成电路中最基本的器件，是金属—氧化物—半导体场效应晶体管（MOSFET）。随着工艺的进步，MOSFET 的尺寸越来越小，而其功率密度也越来越高。U 盘等闪存芯片，是我们日常常用的存储介质，它采用了一种称为浮栅晶体管的器件。这种器件在工作时，每次写入和擦除都需要有电流通过一层接近 5nm 厚的氧化硅介质，因此需要近 20V 的工作电压和微秒级时间。而复旦大学的研究人员通过将一个隧穿场效应晶体管（TFET）和浮栅器件结合起来，构成了一种全新的“半浮栅”结构的器件，称为半浮栅晶体管。这里面有一个原理性的变化，传统的浮栅晶体管的擦写操作是使电子隧穿过绝缘介质，而硅基 TFET 使用了硅体内的量子隧穿效应。因此，器件隧穿所需电压降低了，而速度提升了。这好比原来要穿越木块的子弹，现在只需要穿越一块豆腐。把 TFET 和浮栅相结合后，半浮栅晶体管（SFGT）的数据擦写更加快捷。TFET 为浮栅充放电、完成数据擦写的操作，半浮栅则实现数据存放和读出的功能。

作为一种新型的基础器件，半浮栅晶体管可应用于不同的集成电路。首先，它可以取代一部分的 SRAM，即静态随机存取存储器。其次，半浮栅晶体管还可以应用于 DRAM，即动态随机存取存储器领域。半浮栅晶体管不但可应用于存储器，它还可以应用于主动式图像传感器芯片（APS）。由单个半浮栅晶体管构成的新型图像传感器单元在面积上能缩小 20%以上，感光单元密度提高，使图像传感器芯片的分辨率和灵敏度得到提升。

据预估，半浮栅晶体管在存储和图像传感等领域的潜在应用市场规模可达到 300 亿美元。而且，半浮栅晶体管兼容现有主流硅集成电路制造工艺，并不需要对现有集成电路制造工艺进行很大的改动，具有很好的规模化量产基础。目前，针对半浮栅晶体管的优化和电路设计工作已经开始。在下一步产业化进程中，将有设计和制造伙伴与科研团队进行对接推进。

半浮栅结构晶体管的出现标志着我国集成电路领域有了新的突破，为集成电路原理变革提供了新选择，为我国自主研发集成电路贡献了一份力量。半浮栅晶体管等国内发明，更将启发中国芯片人在科学领域进行更深、更广的研究。

应用材料 Applied Materials：我的主业是装备

美国应用材料公司（AMAT）是材料工程解决方案的领导者，凭借在规模生产的条件下可以在原子级层面改变材料的技术，全球几乎每一个新生产的芯片和先进显示器的背后都有应用材料公司的身影。应用材料公司在 1967 年于加州硅谷圣克拉拉成立，并于 1972 年在纳斯达克上市，应用材料公司是世界上最大的半导体设备供应商之一，在 19 个国家和地区设有超过 115 个分支机构，全球员工 24000 人，拥有 15700 个专利。2021 财年应用材料公司的收入为 230.6 亿美元，位列全球半导体设备公司中的第一位。

应用材料公司主营业务分 3 个模块：半导体系统、全球服务、显示及相关市场，分别占营业收入的 63%、22%、14%，其他占 1%。其中占据收入大头的半导体系统，主要开发、制造和销售用于制造半导体芯片的各种设备，包括沉积（CVD、PVD 等）、离子注入、刻蚀、快速热处理、化学机械平整和计量检验等。它的产品组合已经从只能实现单一步骤的单元工艺设备，发展到带有预验证工艺组合的协同优化系统。应用材料公司的客户主要是半导体芯片、液晶、有机发光二极管显示器及其他电子设备的制造商，为客户提供所需的设备、解决方案服务和软件 3 类产品，公司最大的客户为三星、台积电、美光、英特尔，分别都占到了应用材料公司营业收入的百分之十以上。

应用材料公司的发展也代表了整个半导体行业发展的4个历史阶段。第一阶段是半导体行业处于发展初期的1967年至1979年，在行业分工中应用材料公司取得竞争优势；第二阶段是半导体行业处于成长期的1979年至1996年，行业发生3次产业转移，市场规模迅速扩张，应用材料公司提前进行市场布局，持续形成技术竞争优势；第三阶段是半导体发展回落变缓的1996年至2013年，应用材料公司进入泛半导体市场，试图熨平周期波动；第四阶段半导体行业需求回升，但是技术迭代放缓，应用材料公司开始寻求新的技术增长点。半导体装备中价值最高的是光刻设备，价值占比高达30%，在光刻设备领域占绝对优势的是荷兰阿斯麦（ASML）公司，市场占有率为73.5%，其次是尼康、佳能等。刻蚀设备在半导体装备市场价值占比为20%，该领域由拉姆研究（LAM）、东电电子（TEL）和应用材料（AMAT）三分天下。沉积设备价值占比为25%，该领域属于应用材料公司的传统领域。应用材料公司最核心的部门当属半导体系统部门。按半导体制造流程，可分为硅片制造、晶圆制造和封装测试三个环节，晶圆制造设备占比最高。根据SEMI数据，半导体投资中70%以上是晶圆制造设备，以一座投资规模为15亿元美元的晶圆厂为例，70%的投资用于购买制造设备（约10亿美元）。晶圆制造设备中，光刻机、刻蚀机和薄膜沉积设备为核心设备，分别占晶圆制造环节投入的约30%、25%和25%。美国应用材料公司在离子刻蚀和薄膜沉积领域都是行业中的佼佼者，尤其是在早期就专注的薄膜沉积领域，其产品占全球PVD设备市场近55%的份额，占全球CVD设备市场近30%的份额。

回顾应用材料公司崛起之路和常青不衰的经验，坚持不断地加大研发投入与审时度势地开展并购是成功的两大关键因素。1997年，应用材料先后以1.75亿美元和1.1亿美元收购两家以色列集成电路生产过程检测和监控设备公司Opal Technologie和Orbot Instruments。1998年，应用材料公司为补充生产线收购了Consilium。2000年，为了拓展领域，应用材料公司收购了光罩生产市场和薄膜晶体管阵列测试公司 Etec System。2001 年，应用材料公司又以 2100 万美元收购了以色列半导体芯片激光清洗技术设备公司 Oramir。2009 年，应用材料公司为了增强公司在晶圆级封装和存储器产业向铜互连工艺转变这两大市场上的实力，以 3.64 亿美元收购了 Semitool Inc.。2011 年，应用材料公司又以 50 亿美元收购了电离子移植设备制造商 Varian Semiconductor Equipment Associates。不过也非次次收购都能成功，应用材料公司 2013 年发起的总市场价值超过 300 亿美元的与东京电子公司的合并案和 2021 年以 35 亿美元收购原日立制作所旗下的薄膜沉积技术设备公司 KOKUSAI ELECTRIC 的尝试，最后都未成功。当新的产业趋势或新的技术变革来临时，应用材料公司总能先人一步，发现机会并占据半导体制造业高地的敏锐眼光，是值得中国半导体设备厂商研究借鉴的。

“不能倒下”的台积电

执全球半导体行业之牛耳，世界上最赚钱的半导体代工企业，市值超过 6000 亿美元的巨无霸企业，这些标签形容的都是台积电对全球半导体行业举足轻重的影响力。得益于晶圆代工业务的持续增长，台积电年产能逾 1300 万片的 12 英寸晶圆，规模是全球晶圆代工业之冠。台积电已运用 291 种不同制程技术为 500 多家客户生产 12302 种芯片产品，全球约 85%的新创产品原型在台积电实现。2022 年，台积电渴望坐稳包括 IDM 在内的全球半导体行业“坐二望一”的地位。

台积电的全称为“台湾积体电路制造股份有限公司”，1987 年成立于中国台湾地区新竹科学园区。其中，“积体电路”是当地对“集成电路”的称呼。当年 55 岁的张忠谋先生创立不同于当时国际上集芯片设计、生产和测试封装于一身的 IDM 模式，首创台积电晶圆代工商业模式。这种专业集成电路制造服务商业模式，实现了产业分工细化和资源高效利用，造就了全球无晶圆厂芯片设计产业的崛起。自创立以来，台积电公司一直是世界领先的专业集成电路制造服务公司，其关键就在于不与客户争市场，而是全力协助客户获得成功，在这一过程中也自然实现了自身的成功。台积电创始人张忠谋先生，1931 年生于浙江宁波，童年在香港度过，后曾在重庆读书，1949 年，远赴哈佛读大学，是那一届唯一的中国学生。1950 年，转学到麻省理工学院，1954 年，获得机械系硕士学位。顶尖精英教育只是他人生的底色，1958 年，27 岁的张忠谋来到当年营业额不到 1 亿美元的德州仪器，成为第一个中国员工。他以技术立身、管理立业，1972 年先后就任德州仪器仅次于董事长和总裁职务的资深副总裁。他在美国半导体行业浸淫二十余年的技术经验，以及对未来产业发展方向和模式的深刻见解，也绝非一般职业经理人所能比拟的。1985 年，张忠谋离美赴台出任台湾工业技术研究院院长，为中国台湾地区之后三十余年半导体行业的崛起和产业升级谱写了新世纪。这也正说明，科技竞争的背后，归根到底还是人才的较量。

在先进工艺晶圆代工方面，台积电目前一家独大，在全球市场份额超过 50%。台积电于 2018 年进入 7 nm 量产时代，2020 年实现 5 nm 量产，2022 年下半年进入 3 nm 时代，2 nm 技术预计在 2025 年开始应用于生产。台积电每一代新节点推出后，都使营收和利润实现了迅速增长。2021 年，台积电营收 1.587 万亿新台币（约合人民币 3664 亿元），创下历史新高，同比增长 18.5%；归属于母公司的净利润达到 5965.4 亿新台币（约合人民币 1377 亿元），同比增长 15.2%，亦创下历史新高。对于 5 nm 制程，台积电目前几乎囊括了所有有需求的客户，包括苹果、高通、超微半导体和联发科等公司，并且正式提出了 2 nm 以及后续 1 nm 的工厂扩建计划，总投资金额将高达 8000 亿至 1 万亿新台币（约合人民币 1840～2300 亿元），厂房占地近 100 万平方米。而对于高通、联发科这样的芯片设计公司而言，制造工艺对芯片的性能提升、功耗降低等方面影响非常大，因此必须与顶级的芯片制造企业一起投入研发，并迅速抢下最新制造工艺的产能。台积电之所以仍在不断发展，并非自身缺少竞争基础，而是为了进一步保持对竞争者的领先优势，台积电的技术基石提供了专业集成电路制造领域中最多样、完备的工艺选择及各项服务。通过与合作伙伴的密切协同合作，台积电能够提供最完备并且通过工艺验证的组件数据库、硅知识产权，并构建了全球半导体行业最先进的设计生态环境。作为全世界最大的晶圆代工企业，台积电公司及其子公司员工总数超过 5.5 万人。台积电代工的产品深入全世界各个角落，全世界的高速运转近期已经离不开台积电了，所以说台积电不能倒下。

中国集成电路业的“筚路蓝缕”

国家国民经济和工业体系建立完善的七十多年来，中国集成电路人同样在芯片道路上筚路蓝缕，从一穷二白开始研制电子管、晶体管，再发展到小规模、大规模、超大规模，一直到量产极大规模集成电路。目前，中国是世界半导体理事会 6 家成员之一，成为全球为数不多的集成电路生产地。2021 年，我国集成电路产值已经超过 1 万亿元（不含台湾地区）。回头看，整个中国集成电路芯片工业的发展史可以分为 4 个时期。

工业化探索奠基期（改革开放前）。围绕国家安全，从无到有，实现了种子积累。

1956 年，国务院制订《1956—1967 年科学技术发展远景规划纲要（修正草案）》。中国科学院物理所举办了半导体器件短期培训班，北大、复旦、吉大、厦大和南大新设了半导体物理专业。

1958 年，中国第一个半导体器件生产单位 109 厂成立。同期，美国德州仪器和仙童半导体各自研制出集成电路。

1962年，我国研制成功硅外延工艺，并开始采用照相制版、光刻工艺。

1964年，河北省半导体研究所研制出硅外延平面型晶体管样品。

1966年，109厂与上海光学仪器厂协作研制出65型接触式光刻机，由上海无线电专用设备厂生产。

1966年，南通晶体管厂成立，后来发展为今天的通富微电。

1968年，国防科委在原四川永川县成立永川半导体研究所。

1969年，国营永红器材厂（749厂）成立，1995年整体调迁至天水，后来发展为今天的华天科技。

1972年，江阴晶体管厂成立，后来发展为今天的长电科技。

1975年，北京大学研制出硅栅NMOS、硅栅PMOS和铝栅NMOS，并在109厂采用硅栅NMOS技术试制出1KB DRAM（相比英特尔C1103晚5年）。同年，中国台湾地区“工研院”向美国购买3英寸（1英寸=2.54 cm）晶圆生产线，3年后建成投产。

1976年11月，中国科学院计算所研制出1000万次大型电子计算机，使用了中国科学院109厂的ECL型电路。同期，日本通产省联合五大公司组建“VLSI联合研发体”，总投资720亿日元攻关DRAM。

工业化初创期（1978年至20世纪90年代中期）。我国开始拥有3英寸、4英寸、5英寸、6英寸芯片制造能力。

1978年，中国科学院半导体所研制出4KB DRAM，1979年109厂试制平均成品率达28%。同年，韩国电子技术研究所（KIET）从美国购买3英寸晶圆生产线，次年投产。

1982年10月，国务院成立了电子计算机与大规模集成电路领导小组。

同年，河北省半导体研究所推出第一块砷化镓集成电路。同年11月，全球第一家Fabless公司Cypress在硅谷成立。

1983年，无锡742厂从东芝引进的3英寸5微米电视机集成电路生产线历时5年后投产，这是第一次从国外成建制引进集成电路生产线实现工业化生产。同年，三星电子正式进军存储器行业。

1986年，第一家集成电路设计公司北京集成电路设计中心（现归属华大半导体）成立，这标志着中国集成电路设计业的开端。

1987年，台积电成立，进而开创全球晶圆制造代工Foundry模式。

1988年，上海仪表局与贝尔公司合资设立上海贝岭微电子制造有限公司，这是第一家中外合资的集成电路企业，建成第一条4英寸芯片生产线。

1988年，在上海元件五厂、上无七厂和上无十九厂联合搞技术引进项目的基础上，中外合资公司上海飞利浦半导体公司（后改名上海先进）组建成立。

1989年，在由742厂和永川研究所无锡分所组建的无锡微电子联合公司的基础上成立了中国华晶电子集团公司。

1990年，中央同意实施908工程，投资20多亿元，目标是在中国华晶电子集团公司建成一条月产1.2万片、6英寸、0.8～1.2微米的芯片生产线。工程从立项到投产历时7年。

1991年，我国集成电路年产量首次超过1亿块，标志着我国进入集成电路工业化大生产阶段（比美国晚25年，比日本晚23年）。

1992年，第一条5英寸集成电路生产线在上海飞利浦半导体公司建成投产。

1993年，熊猫CAD系统软件发布，这是我国第一套CAD系统。

产业化发展期（20世纪90年代中期至2014年）。我国开始拥有8英寸、12英寸芯片制造能力。

1995年，首钢NEC建成首条6英寸、1.2微米生产线，初期生产4M DRAM。

1995年，国务院决定启动909工程，投资100亿元建设一条8英寸、0.5微米工艺生产线。1996年，主体承担单位上海华虹微电子有限公司成立，次年开工建设。

1998年，上海贝岭在上海证券交易所上市，成为第一家登陆主板的集成电路公司。

2000年，国家发布《鼓励软件产业和集成电路产业发展的若干政策》（简称18号文），大力度专项扶持集成电路产业。

2000年，中芯国际在上海张江正式打桩，中国集成电路产业进一步与国际接轨。

2001年，我国第一条可满足0.25微米线宽集成电路要求的8英寸硅单晶抛光片生产线在北京有色金属研究总院建成投产。

2001年，《集成电路布图设计保护条例》颁布施行。

2003年，原信息产业部启动集成电路IP开发服务平台建设。先后成立上海硅知识产权交易中心和CSIP。教育部、科技部批准9所高校为首批国家集成电路人才培养基地建设单位。

2004年，海思半导体成立，前身是创建于1991年的华为集成电路设计中心。

2005年，中星微在美国上市，成为第一家登陆纳斯达克的中国集成电路设计公司。

2006年，《国家中长期科学和技术发展规划纲要（2006—2020年）》发布了“核心电子器件、高端通用芯片及基础软件”和“极大规模集成电路制造技术及成套工艺”等16个重大专项。2009年开始全面实施。

2006年，中国半导体行业协会与世界半导体理事会（WSC）签署《中国半导体行业协会加入世界半导体理事会备忘录》。同年9月，中半协首次在东京参加WSC活动，中半协、凤凰微电子、上海硅知识产权交易中心的代表参加知识产权特别工作组会议（IP Task Force Meeting）。

2010年，909工程升级改造12英寸集成电路生产线华力项目启动。

2011年，《进一步鼓励软件产业和集成电路产业发展的若干政策》发布。

2011年4季度，中芯国际45 nm CMOS工艺开始投入生产。2年后，28 nm制程开发完成，推出首个包含28 nm HKMG和PolySiON的多项目晶圆流片服务。

工业化生态提升期（2014年至今）。产业融资渠道和能力明显改观，生态欣欣向荣。

2014年，《国家集成电路产业发展推进纲要》发布，国家集成电路产业投资基金正式成立。

2014年，我国集成电路设计产业规模突破1千亿元。我国集成电路产业总规模突破3千亿元，从2千亿元到3千亿元用时2年。

2016年，我国晶圆制造产业规模突破1千亿元。我国集成电路产业总规模突破4千亿元，从3千亿元到4千亿元用时2年。

2017年，我国集成电路产业规模突破5千亿元，从4千亿元到5千亿元用时1年。同年，全球集成电路产业规模突破3千亿美元。

2018年，我国的集成电路年进口量超过4000亿块，当年我国集成电路年产量接近1800亿块，进口金额首次突破20000亿元，也是首次突破3000亿美元。

2018年，我国集成电路产业规模突破6千亿元，从5千亿元到6千亿元用时1年。

2019年6月，科创板开板。同年7月，首批公司上市。

2020年，我国集成电路产业规模达到8848亿元。

2021年，我国集成电路行业销售额突破万亿元。根据WSTS统计，2021年全球半导体销售额达到5559亿美元。全球首次大规模出现缺芯现象，国际产业链开始悄然重塑。

2022年6月，科创板开板三周年，集成电路上市公司达到六十余家。

回望过去七十年，中国集成电路产业从无到有，从弱到强，筚路蓝缕。围绕国家安全、产业强大，一代代创业者不忘初心，不畏困难，脚踏实地，锐意创新。我们一点一滴地加深了对集成电路产业规律的认识，在体制机制上适应时代变化，建立健全了集成电路产业链和生态圈。

第 5 章
数字集成电路

数字集成电路：0 与 1 的对话

“门前大桥下，游过一群鸭，快来快来数一数，二四六七八……”这是一首耳熟能详的儿歌，听着这首歌我们不知不觉中认识和学会了十进制。但是让人疑惑的是为什么从 9 到 10，数字多了 1 位，由一位数到两位数了呢？一种说法是人类有 10 根手指，当用手指计数到 10 后，就需要用一根小木棍之类的另外的东西来辅助表示这个进位数字。因此十进制是逢十进一。无论是阿拉伯数字，还是中国算盘，以及早期一些晶体管计算机都采用了十进制计数。但是在数字集成电路世界中，十进制却是水土不服，反而是我们较为陌生的二进制主宰了数字世界。

1679 年，德国数学家莱布尼茨发明了二进制（Binary），在对其系统性深入研究后又进一步完善了二进制。现代的计算机和依赖计算机的设备里使用的都是二进制。数字电路中的逻辑门直接应用了二进制，每个数字称为一个比特（bit，binary digit 的缩写）。对于集成电路来说，二进制也是最便于处理的数制，因为每一个数字都能和一条线路的高电平或低电平对应，对输出与识别的精度容易控制了。而相对而言，其他进制就会复杂不少。第二个原因是，使用有两个稳定状态的一个物理器件，就可以表示二进制数中的一位。在工业上制造出有两个稳定状态的物理器件，要比制造多个稳定状态的物理器件容易得多。二进制的符号“1”和“0”恰好与逻辑运算中的“真”（True）与“假”（False）对应，便于计算机进行逻辑运算。二进制的四则运算规则简单明确，而且四则运算最后都可归结为加法运算和移位。现在，电子计算机中央处理器实际执行的机器指令码，就是用于指挥计算机操作和操作数地址的一组二进制数。

二进制也有一个大问题，就是其每一位权值相对较低，很容易表示成一长串数字。例如，十进制数 100，对应的二进制数是 1100100，人脑难以记忆和处理，又长又不习惯。所以，在设计中我们也会用到八进制或十六进制。八进制采用 0～7 共 8 个数字，以 8 为基数，逢 8 进 1。十六进制借用了英文字母来表示相对应的十六进制数，A=10，B=11，C=12，依此类推。但是不管是八进制还是十六进制表示的数，在数字集成电路中都实际被转换为二进制数。这样才能更高效率地被数字电路处理和储存，以 0 和 1 的组合生成、存在于数字世界中，再通过数字集成电路影响和改变真实世界。

数字集成电路的基本法则

世界上第一台数字计算机 ENIAC 是为了计算弹道而研制的，直接将计算时间减少到原来的 1/40。受此启发，人们发现数字电路非常擅长对数字进行各种算术运算和逻辑运算，极其适用于运算、比较、存储、传输、控制、决策等应用。计算器中的芯片帮助我们快速地完成数学运算，测温枪中的芯片判断某人是否发热……可以说，数字集成电路就是为了运算而设计的，而二进制运算主要包括算术运算和逻辑运算。

什么是逻辑运算？与我们学过的算术运算有什么不同呢？逻辑运算其实时时刻刻都在我们的生活中发生着，比如学校选拔护旗队成员，要求是“男生并且身高高于 1.7 米”，只有两个条件都满足的人才能入选，如果用二进制逻辑运算表示的话，就是 Y=A • B，这就是一个与逻辑运算。逻辑运算也称布尔运算，其基本运算不仅仅只有与，还有或和非，这 3 种运算的规则分别是什么呢？与，A 与 B 同时成立，则结果为 1；或，A 或 B 只要有一个成立，结果为 1；非，A 的否定，1 的非运算结果是 0，0 的非运算结果是 1。还有两种较为特殊的逻辑运算式，异或和同或。异或，A 或 B 中仅有一个成立，结果是 1；同或，只有 A 和 B 都成立或都不成立时，结果才是 1。以上 5 种就是逻辑运算的基本运算法则，将其中的多个组合起来就能构成各种复合逻辑运算式，也就是说无论多复杂的逻辑运算，都可以分解为上述 5 种基本运算式的组合。

算术运算我们比较熟悉，如加减乘除，算术运算的基本运算是加法，而减法、除法、乘法都可由加法拓展而来。在二进制算术运算中，参与的只有 0 和 1 两个运算元素，如加法 0+0=0，1+0=1，0+1=1，1+1=0（1+1=10，1 已经进位到高位，因此低位上是 0），低位可以用异或的逻辑运算规则实现，高位可以用与逻辑实现，这样加法运算就可以表示为异或、与两个逻辑运算的组合，因此二进制算术运算可以被转换为逻辑运算。

数字集成电路时时刻刻都在进行着大量的逻辑运算。二进制是数字电路的数学基础，逻辑运算法则是数字电路的基本法则。

集成电路的抽象层级化：大道若简

描述理解一个复杂事物，常常通过抽象概念与结构化方法，先理解其原理、规律，再了解掌握其实现、应用，先虚后实、大道若简。IT 系统虚拟化，也有异曲同工之妙，开发者在掌握体系组成后，只需要关注接口规范，就可以通过程序调动驱使底层硬件运转。集成电路知识体系庞大、涉及领域众多，但我们可通过表 5-1 中的分级设计思想，在抽象层次由高到低来认识集成电路的结构。

表 5-1　集成电路的分级设计思想

	行为域	结构域	物理域
系统级	行为、性能描述	CPU、存储器、控制器等	芯片、电路板、模块
算法级	I/O 算法	硬件模块、数据结构	部件间的物理连接
寄存器传输级（RTL）	状态表	ALU、寄存器、MUX 微存储器	芯片、宏单元
逻辑级/门级	布尔方程	门、触发器	单元布图
电路级/晶体管级	微分方程	晶体管、电阻、电容	管子布图

概括地说，系统级对应于相对完整的一个应用。对于系统级芯片即单片系统（System on Chip，SoC），从狭义角度讲，它是信息系统核心的芯片集成，是将系统关键模块集成在一块芯片上。从广义角度讲，SoC 是一个微小型系统。如果说中央处理器（CPU）是大脑，那么 SoC 就是包括大脑、心脏、眼睛和手的系统，它通常是客户应用定制的或是面向特定用途的功能相对齐全的产品。系统中又分为很多功能模块，如电源管理模块、5G 通信模块、Wi-Fi 模块、蓝牙模块、编解码模块，各功能模块各司其职。每一个模块自身也是一个宏大的专业领域。系统模块的划分，目的是尽可能准确地进行芯片性能描述，实质上完成了芯片设计的定义。

算法级也可以看作行为级，主要用于快速验证算法的正确性。在这一层次上，行为描述的是系统的数据结构和算法。算法级在结构上描述了子系统是由哪些模块组成的，它不关注电路的具体结构，不一定可以综合成实际电路结构。算法级在流程中以直接赋值的形式进行，常采用大量运算、延迟等无法综合的语句。其目的不在于综合，而在于算法正确或行为规范。

寄存器是指能够存储逻辑值的电路结构，它需要一个时钟信号来控制逻辑值存储的时间长短。电路中利用时钟信号来统筹安排时序，电路中的各元器件根据时钟信号变换相应地做出动作响应。一个复杂的功能模块是由许许多多的寄存器和组合逻辑组成的，这一层级叫作寄存器传输级（Register Transfer Level，RTL）。对应的 RTL 模型，也就是描述信号数据在寄存器之间的流动和加工控制的模型。

寄存器传输级中的寄存器，其实也是由与、或、非逻辑构成的。这些逻辑再细分为与、或、非、与非、或非、异或和同或等，这便是门级。门级（Gate Level）模型描述门单元以及门单元之间的连接关系。门单元就像一扇扇门，阻挡或允许电信号的进出，因而得名。门单元之间的连接关系像一张网，所以门级关系的表达也被称为网表（Netlist）。从 RTL 模型通过逻辑综合转换至门级模型，是从高层抽象描述到低层物理实现的转换过程。

无论是数字电路还是模拟电路，到底层都是晶体管级。与、或、非、与非、或非、异或、同或等各类逻辑门，最终都是由一个个晶体管构成的。因此集成电路从宏观顶层走到微观底层，就是晶体管以及连接它们的导线，仍然是电路逻辑关系表达与硅器件完成布局布线后的物理实现。

在实际工业生产中，芯片的制造过程，实际上就是成千上万个晶体管的制造过程。不过制造芯片的层级顺序就要反过来了，从底层的晶体管开始一层层向上制作、连接、搭建。今天越来越复杂的超大规模集成电路，已经成为一门工程学科，既需要思维缜密的设计技术，也需要精巧高超的制造技术，还需要相关支撑配套的软件与生态。

CMOS 基本门电路的分类

基本门电路是概念性名词，表达的是输入与输出的逻辑关系，不是实际电路，但通过 CMOS 晶体管的不同组合，可以将这种逻辑关系变为真实存在的电路。按照 CMOS 门电路的逻辑功能，可以分为下面几类：非门、与门、或门、与非门、或非门、与或非门等。

在集成电路中，非门是最基本也是结构最简单的电路，一个 CMOS 单元就能实现非门的功能，如图 5-1 所示。图中上半部分是 PMOS 管，下半部分是 NMOS 管。当栅极 A 输入为 0 时，PMOS 管导通，NMOS 管关断，输出 C 与 V_{DD} 相连，输出为 1；当 A 输入为 1 时，PMOS 管和 NMOS 管的导通状态与之前相反，输出与 GND 相连，即输出为 0。

当然仅仅只有非门是无法构成复杂且规模庞大的集成电路的，还需要其他逻辑功能的门电路，如与非门、或非门、异或门等，这些门电路的功能不同，但都是在非门电路的基础上发展出来的。如与非门（见图 5-2）就是两个 PMOS 管并联后，与两个串联的 NMOS 管连接，实现与非功能。当 A 端、B 端均为高电平时，T1（PMOS）、T3（PMOS）截止，T2（NMOS）、T4（NMOS）导通，Y 端为低电平，即当 A=1、B=1 时，Y=0；当 A 端、B 端均为低电平时，T1（PMOS）、T3（PMOS）导通，T2（NMOS）、T4（NMOS）截止，Y 端为高电平，即当 A=0、B=0 时，Y=1；当 A 端为低电平、B 端为高电平时，A 端低电平使 T1（PMOS）导通、T2（NMOS）截止，B 端高电平使 T3（PMOS）截止、T4（NMOS）导通，所以 Y 端输出高电平，即当 A=0、B=1 时，Y=1；同理，当 A 端为高电平、B 端为低电平时，输出端 Y=1。或非门的结构和与非门比较相似，只不过是把与非门上下两部分连接关系互换，或非门是两个 PMOS 管串联，再接上两个并联的 NMOS 管。

还有异或门电路结构（见图 5-3），乍一看比较复杂，但是若把电路分为左右两部分的话，就很容易理解。异或的逻辑关系是输入相同，输出为 0；输入相异，输出为 1。图 5-5 中左边是两个非门电路，用来产生“非信号”控制右边部分 MOS 管的导通状态，例如 A 和 B 都输入低电平 0，则左边的两个非门的输出都是 1，这个输出信号使 NM5 和 NM6 导通，PM5 和 PM6 关断，Y

输出低电平 0；而假如 A 和 B 都输入高电平 1，NM3 和 NM4 导通，PM3 和 PM4 关断，Y 输出 0；如果 A 和 B 输入的是相反的值，A 为高电平，B 为低电平，首先看右边电路的上半部分，PM4 和 PM5 是导通的，这样电源 V_{DD} 到 Y 的通路是通的，再看下半部分电路，NM4 和 NM5 是关断的，这样 Y 到地线的通路是不通的，这样 Y 端就是高电平。

CMOS 门电路因其功耗小、集成度高等特点，成为当前集成电路的主流工艺技术。随着制造工艺的发展，在 CMOS 的基础上又发展出 FinFET 结构和 GAA 结构等，但不管结构如何变化，门电路的逻辑性是不会变的。

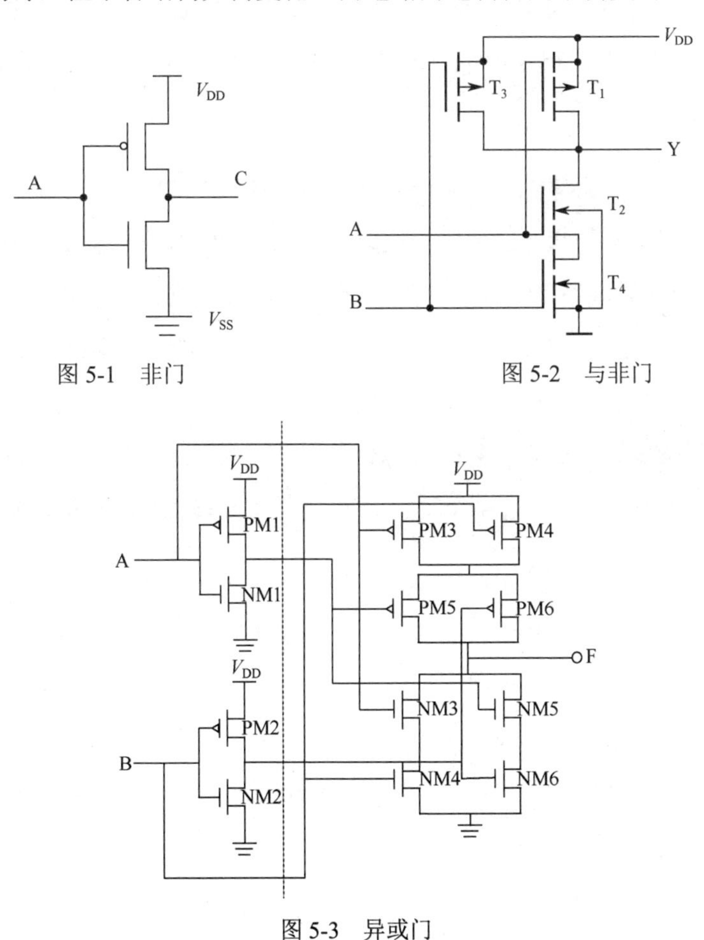

图 5-1 非门

图 5-2 与非门

图 5-3 异或门

典型的组合逻辑电路

逻辑电路按其逻辑功能和结构特点，可分为组合逻辑电路和时序逻辑电路。组合逻辑电路采用两个或两个以上基本门电路组合，从而实现更复杂的逻辑功能。常用的组合逻辑电路有算术运算电路、编码器、译码器、数据选择器、数据分配器和数值比较器等。这类电路的输出只和输入有关，与电路前一时刻的状态无关。通俗地说，组合逻辑电路的输出，实时随着输入的变化而变化。这些组合逻辑电路似乎离我们的生活很远，但其实它们就隐藏在我们的身边。

译码器从字面上就能看出是一种功能为“翻译”的电路，主要作用是把给定的代码变成相应的状态，使输出通道中相应的一路有信号输出。有一个大型励志挑战节目《挑战不可能》，深受大众喜爱，其规则是挑战者完成挑战项目，由 3 位评委投票决定选手是否能进入荣誉殿堂，按照少数服从多数的原则决定，同时需要显示每位评委的投票结果。对于这个简单的投票系统，就需要用到经典的组合逻辑电路——3/8 译码器。3 位评委每个人的投票，经过 3/8 译码器可以得到 8 种结果，其中只有 2 人同意或者 3 人都同意，电路才能输出有效高电平。

在生产生活中，将特定状态转换为二进制代码的需求非常普遍，这就需要用到编码器了。编码器在生活中的应用非常多，最常见的是电梯按键、电脑键盘。假设我们早上进入电梯，按下某一楼层，比如 8 楼，十进制数字 8 在编码器的作用下，变成二进制 1000，传递给电梯内部的微型处理器，处理器控制电梯向上运行到 8 楼。

此外，在数字电路中，除了要进行译码转换工作外，还有很多计算的需求，如 10+8 我们口算就能很快地得到答案 18。但是前面说过集成电路是以二进制来处理数据的，算术运算电路就要派上用场了。最简单的算术运算电路是半加器，所谓半加，是指该电路只求本位之和，不考虑低位送来的进位数，一个异或门电路就构成了半加器。但这样的半加器不能满足实际的加法要求，最多只能用作最低位求和，因为实际的加法运算大部分是要考虑是否有进位的，全加器就是这样的电路。全加器可以由两个半加器和一个或门组成，因此半加器虽不能一下子解决实际问题，但却是其他加法电路的基础。

数据选择器的主要功能是从若干输入信号中选择一路作为输出；数据分配器是将一个输入的数据根据需要送到多个不同的输出通道，相当于多个输出的单刀多掷开关，实现数据分配功能。

上述组合逻辑电路有着可复用、可扩展和高封装度的特点，无论工艺如何先进，规模如何宏大，都可以看到这些典型组合逻辑电路的身影。

时序逻辑电路基础

上文我们介绍了“没有记忆的组合逻辑电路”。而时序逻辑电路则是具有记忆的，这类电路的输出不仅与当前的输入有关，而且与其输出状态的原始状态有关。时序逻辑电路相当于在组合逻辑电路的输入端加上了一个反馈输入，形成一个存储电路，不仅可以将输出的状态保持住，而且下一次的输出结果也受本次输出的影响。因此，任何时序逻辑电路都可以用一个与时间有关的函数来表示。

那么，如何才能将过去的输入状态反映到现在的输出上呢？时序电路到底需要怎么实现呢？人类惯性上总是会根据过去的经验，决定现在的行动，这时我们需要的就是记忆。同样，时序电路也需要这样的功能，这种能够实现人类记忆功能的元器件就是触发器。按结构和功能，触发器可以分为 RS 型、JK

型、D 型和 T 型。在这里，我们只讲解比较有代表性的 RS 型触发器。

我们可以把触发器的工作原理想象成一个跷跷板，跷跷板只有人坐上去，另一端才会翘起来，不然就一直保持原来的状态。RS 型触发器只有两个输入端，R 端和 S 端；两个输出端，Q 端和与其值相反的 Q’端。规定 RS 触发器的两个输入只能有 3 种有效状态组合，分别是，S 端有效，R 端无效；S 端无效，R 端有效；S 和 R 端都无效。用跷跷板为例解释一下 RS 触发器的工作过程，假设跷跷板的两端分别代表 Q 和 Q’端，此时有一个小朋友 S 坐上 Q’端，跷跷板的 Q 端就翘起来，Q’端就低下去，这个过程就是 RS 触发器置位的过程。当另一个小朋友 R 坐上 Q 端时，Q’端就翘起来了，Q 端就低下去了，这个过程就是复位过程。而假如 S 和 R 两个小朋友都不坐上跷跷板，则 Q 端和 Q’端没有发生变化，这就是触发器的保持状态过程。但是禁止 S 和 R 两个小朋友同时坐上跷跷板，此时跷跷板的状态不能确定。因此，触发器 R 和 S 都有效的情况是不允许发生的。

RS 触发器是最简单的触发器，D 触发器则需要使用时钟作为触发信号，改变触发器的输出。现在仍然以跷跷板为例说明 D 触发器的工作原理。不过这个跷跷板有些不同，需要在时钟 CK 上升沿到来时，才会改变翘起的方向。此时小朋友 D 已经坐上跷跷板准备好了，但是 CK 上升沿这个开关信号还没有到来，跷跷板便一直保持之前的状态。只有当 CK 上升沿到来了，Q 端才会由于小朋友 D 坐上跷跷板而翘起来。D 触发器是在时钟上升沿到来的瞬间，采样输入状态，并保持该状态的电路。D 触发器也是时序电路的基本元件，用途广泛。D 触发器的多级组合，可以做成移位寄存器、分频电路等，也可用于 CPU 内部的寄存器。

时序逻辑电路因其在结构和功能上的特殊性，成为数字逻辑电路的重要组成部分。相较其他种类的数字逻辑电路而言，时序逻辑电路往往具有难度大、电路复杂的特点，因其可以由存储电路记忆和表示状态而被大量应用。

时钟：数字电路的“脉搏”

心脏对于我们人类而言是最重要的器官。心脏带动脉搏，每跳动一下，血液就流动一下，我们的身体才能正常运作。在数字电路中，时钟就好比是芯片的脉搏，芯片在系统时钟的控制下有规律地工作着，一条一条地从 ROM 中取指令，然后一步一步地执行。如果时钟工作不正确、不精准，比如时钟丢失，或者时钟频率不对，都将导致芯片无法正常运行，轻则性能不达标，重则功能错误。因此对于芯片工程师来说，时钟的设计始终是首要的关注点。

芯片中的时钟是从何而来的呢？既可以由内部产生，也可以由外部接入。从外部接入的时钟，一般是给对时钟频率要求不高的模块，可以用外接石英晶体或陶瓷谐振器实现。芯片内部的 RC 振荡器或锁相环，可以提供较高频率的时钟。由于 RC 振荡器对温度较为敏感，现在绝大部分芯片内的时钟，无论是高频的 CPU 时钟，还是较低频率的外设时钟，大多由锁相环提供。锁相环能产生高精准度、不随温度变化漂移的时钟信号，这样系统及其各个模块的步调就能相对容易地保持一致。

如果系统是自由运行的，不需要任何同步要求，则可以使用独立时钟，每个模块只需要自己内部保持相同频率即可，如 USB、PCIe 等外围组件。而现在很多大型芯片内部，都是既有同步时钟域也有异步时钟域，并且不同频率的时钟域之间还有数据交流，这样就导致时钟模块非常复杂。并且随着芯片规模增大，同一个时钟在传播的过程中，会产生抖动和漂移，这也会影响到芯片的工作，需要在设计中考虑、消除。

时钟的另一个影响就是芯片的功耗。数字电路的功耗主要有 3 个方面：漏电功耗、时钟功耗和翻转功耗，其中时钟功耗占了相当大的比例。由于芯片的功耗和时钟频率成正比，工程师试图通过时钟频率的调节来减小功耗，但是又不能整个频率都一起降低，这样又会导致芯片功能和性能的减弱。为了有效地降低功耗，工程师提出了动态电压频率调整技术和自适应电压频率调整技术，不过这些技术给芯片设计提出了更大的挑战和提升空间。

一个功能强大且高质量的时钟网络，是数字电路的基础。只有这个基础打扎实了，我们的芯片才能更快、更精准地搏动。

最简单的数字电路组合——计数器

计数器的应用在生活中无处不在，登机人数统计、手表的计时、人行道红绿灯的计时倒数等。随着数字技术在生活中的普及，计数器的应用范围越来越广，相关的技术和种类也是越来越多，本节我们简单介绍一下数字电路计数器。

计数是最简单的基本运算，计数器就是实现这种运算的逻辑电路。计数器主要由触发器和门电路组成，最简单的一位二进制计数器只需要一个D触发器和一个非门电路就可以实现，将触发器的输出端Q通过非门反馈到触发器的D端，这样每来一个时钟脉冲，触发器的输出就翻转一次，从而实现 0/1 计数。如果要扩展计数的范围，可以将简单的计数器一个个级联，从而实现计数位数的范围扩大。

计数器的种类，随着数字电路发展的需要而不断增加，按照计数器的工作方式可以把计数器分为同步计数器和异步计数器两类。这两类计数器的主要区别是，计数器的输出状态变化时间是否一致。

按照计数器的模数，可以把计数器分为二进制计数器、十进制计数器和N进制计数器。二级制计数器是按照二进制的规律计数的，再具体点就是有 2 个状态循环的是一位二进制计数器，4 个状态循环的是两位二进制计数器，8 个状态循环的是三位二进制计数器，依此类推。而十进制计数器是按照十进制的规律计数，与二进制计数器的内涵不同的是，这里不区分位数，十进制计数器就是 10 个状态循环。除了上述的两类计数器外，其他的都统称为 N 进制计数器。

按照状态变化顺序，可以将计数器分为加法计数器、减法计数器和可逆计数器。在工作循环中，计数器的状态以递增规律变化的称为加法计数器；相反，状态以递减规律变化的称为减法计数器；可逆计数器既可以进行递增计数，也可以进行递减计数。计数器通过数字的递增或递减，实现控制信号的选择。

计数器是数字电路中应用得最广泛的电路，主要通过对脉冲个数的计数，以实现测量、计数和控制的功能（例如，在电子计算机的控制器中对指令地址进行计数，以便顺序取出下一条指令），同时也广泛应用于分频和定时。

数字集成电路设计“接力赛”——设计流程

集成电路发展至今，已经从硅谷车库制图这种“小作坊”模式，发展到需要几百家企业和成千上万人参与其中的大工程。从上游原材料供应商，到中段各类设计公司，再到最后的终端制造厂和封装测试厂，集成电路俨然已经形成了一条庞大的产业链。在这条产业链中，芯片设计公司扮演着将各种天马行空的想法变成可以按图索骥的设计图纸的龙头和灵魂的角色，带动制造、封测、应用等下游环节共同前进。对于现在产值规模动辄上亿元的 SoC 芯片而言，设计上都有哪些步骤呢？

设计，是一个从无到有的创作过程。集成电路的设计也是如此，其过程更为庞杂。进行市场调研后，由系统需求转换成的芯片定义，是芯片设计的原点和终点。有芯片定义后，接着就是芯片设计实现了，这大致可以分为前端设计和后端设计两大过程。前端负责逻辑设计，后端负责物理设计。

好的开始是成功的一半。前端设计中第一步是算法分析或硬件架构设计，通俗地说就是搭框架，把大致的蓝图描绘好。这是集成电路设计中最重要的步骤，基本上奠定了整个芯片的性能和功耗表现。接下来就是 RTL 实现，也可直译为寄存器传输级实现。顾名思义，此时前面步骤中的算法或架构，都被转换为时序逻辑和组合逻辑的组合，这样就完成了从高层次描述到电路级的转换，降低了抽象度。但是 RTL 实现忽略了工艺具体的物理特性、电气特性等真实存在的元素，因此需要在逻辑综合这一步将 RTL 代码映射为与制造工艺相关的网表，这可以看成是一个翻译过程。当然在逻辑综合过程中，会有一定的约束，通过这些约束和目标指导翻译工具完成工作。这些约束中最基本的就是时序约束，约束就像是我们的法规条例，规定了芯片在物理上的可为和不可为。执行时序检查的流程称为静态时序分析，区别于动态仿真，静态时序分析能较快地满足在内部所有正确路径上，时序单元对建立时间和保持时间的要求。

当这些虚拟的电路设计好并验证通过后，集成电路设计就进入了后端设计流程。后端设计又称为物理实现，根本任务是将网表转化为一个个真实的，有物理大小和位置的门单元，并且保证面积、功耗和性能等要求。后端设计的过程就是围绕着时序和面积不断迭代的过程，最终设计出符合时序和面积要求的版图。后端设计可以分为布图规划（Floorplanning）、布局（Placement）、优化（Optimization）、时钟树综合（CTS）、布线（Routing）、签发（Signoff）等几步。布图规划主要是确定整个芯片的形状大小，画出引脚位置和所有宏模块的摆放。布局是将所有的标准门单元放入限定好的范围里，并且满足时序和拥塞要求，这个过程又可以分为两步：首先不考虑摆放位置是否合规直接进行布局，然后再对违例的地方或关键路径进行优化。之后需要对芯片中的时钟网络进行设计，也称为时钟树综合，目的是平衡相关时序路径。经过时钟树综合之后，整个芯片的大体结构就确定了，接下来需要将信号线通过金属层连接起来，也就是布线，布线过程需要考虑线宽和线间距等。在导出 GDS 数据库文件之前，还需要对芯片做各类检查，比如，时序检查、功耗检查、物理验证和形式验证等，以保证设计好的芯片都满足之前的要求，待所有检查都没有问题，就可以将设计好的版图交给制造厂了。

一款芯片从立项到最终成片，其中涉及上百个流程，这一个个流程就像接力赛一样，每一棒都要交接好，这样才能完赛。幸运的是，今天已经成熟的设计流程管理软件和专用自动化辅助设计软件，可以帮助我们高效地管理和实现这些精细的操作。优秀的流程管理是提升芯片设计成功率的法宝，它让原本难以预测的设计工作变得透明可控、可预测。

专用集成电路的设计

在我们的日常生活中，需要用到各类电子产品，共享单车上的电子锁、无线蓝牙耳机、路上行驶的电动汽车，这些常见的东西里面都有着一颗“芯”。如果你细细观察的话，会发现这些芯片仅仅只能用于一种特定的场景，相互之间不能替换通用，这些 IC 就是专用集成电路（Application Specific Integrated Circuit，ASIC）。

专用集成电路是为特定用户或特定需求制作的集成电路。CPU 之类的芯片则是通用集成电路，功能强大，适用范围广。但是随着应用场景复杂化，需求多样化，通用集成电路在一些简单应用场景中显得“大材小用”，成本和功耗未必合适，特别是在对某一个性能指标有更特殊要求的情况下，就出现了以用户参加设计为特征的专用集成电路。例如，网络交换机芯片更加关注性能、数据吞吐率等特征指标。相比于通用集成电路，专用集成电路在设计用途范围内有着性能高、功耗低、面积小、更安全的优点。但批量较小时，专用集成电路前期设计周期偏长、成本较高的缺点也是显而易见的。

举例来说，初期的个人电脑中是没有显卡的，图形计算方面的任务都是由中央处理器 CPU 来执行。后来随着对图形界面显示的要求越来越高，CPU 显得愈加吃力，工程师就把图形计算相关的任务分出来，这样就诞生了显卡芯片。因此，可以将显卡归类于专用集成电路的范畴，它强调的是处理器的矩阵计算能力提升。随着现在各类图像处理应用的出现，面向自动驾驶、安防、高清电视等不同领域的专用图形处理器（GPU）雨后春笋般涌现。这类专用集成电路都遵循以下相似的设计流程：

制定功能需求，为集成电路设计做准备，便于按系统、电路、元件的级别做层次式设计。

逻辑设计编写，设计出满足功能块要求的逻辑关系。通过门级电路或功能模块电路实现，用表、布尔公式或特定的语言表示。

电路设计的目的是确定电路结构（元器件连接关系）和元器件特性（元器件值、晶体管参数），以满足所要求的功能电路的特性。同时考虑电源电压变化、温度变化和制造误差引起的性能变化。

布图设计直接服务于工艺制造。根据逻辑电路图或电子电路图决定元器件、功能模块在芯片上的配置和它们之间的连线路径。为节约芯片面积，需要进行多种方案比较，直到满意为止。

验证是借助计算机辅助设计系统对电路功能、逻辑和版图的设计，以及考虑实际产品可能出现的时延和故障进行分析的过程。在模拟分析基础上，对设计参数进行修正。

为了争取产品一次投片成功，设计工作的每一阶段都要对其结果反复进行比较取优，以获得最好的设计结果。常见的 ASIC，一般都有一个精挑细选的处理器 IP 核和一些定制的硬件加速电路及适配的存储容量。

微处理器的设计

计算机已经成为我们工作和生活中必不可少的一部分，无论是台式电脑还是移动笔记本，其中最核心的部分是 CPU，也称为中央处理器。微处理器与中央处理器和它简化版的微控制器、微处理单元，以及 DSP、GPU 等其他专用处理器或协处理器都是“近亲”。国际上的超高速巨型计算机、大型计算机等高端计算系统也都采用了大量的通用高性能微处理器。智能电视、移动电话、游戏机等消费电子产品，汽车控制、数控机床、核磁共振设备等工业和特殊应用领域，都要用到不同的微处理器。微处理器不仅是微型计算机的核心部件，也是各种数字化智能设备的关键部件。微处理器的核心是其体系架构，关键技术一般包括指令集、流水线、超标量指令并行、单指令多数据并行、缓存、多核、动态电压频率调整等。

应用于不同领域的各类微处理器，指标有时钟频率、性能、功耗等，芯片的实现架构有较大差别。与任何一个产品一样，微处理器的设计也需要规划，不但要有清晰的产品概念，准确的市场定位，还要知道怎样把它生产出来。对于商用产品还需要特别考虑到设计周期和上市时间。

对于微处理器芯片设计，首先需要分析市场。根据市场调研，锁定这款微处理器的应用场景，是面向服务器和工作站的？还是面向个人电脑或是移动终端设备的？不同的应用场景，决定着后续的设计方向和不同的规格要求。例如，服务器中的微处理器要求的是性能和可靠性，而移动设备中的微处理器需要更多地考虑到功耗问题，而在玩具、家电等应用中则是成本优先。

其次就是根据应用场景设计微处理器芯片功能。在设计开始阶段、中间实现阶段和最后的测试阶段，都要以保证功能正确为目标。如果最后生产出来的微处理器无法完成预期的功能，那这就是一个失败的设计。

接下来需要选择一种架构来构成微处理器。架构决定了可以执行的命令，不同的架构实现同一种功能的方式是不一样的。如Intel的x86架构主要用于服务器和PC的处理器。ARM架构的微处理器则更适用于移动设备。近些年来，RISC-V架构异军突起，以其大道至简的技术风格和彻底开放的模式，吸引大批公司的关注。

在决定好这些上层设计方向后，接下来就是逻辑设计，包括具体怎么实现功能，用何种编程语言，是C还是VHDL。接下来进入电路设计阶段，例如微处理器中用到的存储单元该怎么摆放，怎样保证电路达到要求的工作频率等。到这一步，设计环节基本结束了，后面就是生产环节。芯片代工厂按照设计好的电路版图，在晶圆上生产出实际的微处理器芯片。

设计一款微处理器芯片，其中涉及的步骤很多，周期很长，甚至会出现设计前十分看好但等到芯片生产出来后功能已无法满足现有需求的情况。每一款功能强大、性能优越的微处理器芯片的面市，都历经了重重考验。

CISC和RISC

CISC和RISC是两种面向计算机的指令集。CISC的全称为Complex Instruction Set Computer，即复杂指令集计算机；RISC的全称为Reduced Instruction Set Computer，即精简指令集计算机。CISC和RISC是现代微处理器的两大基础指令集。从技术和历史角度来看，CISC和RISC的诞生和发展并非是你死我活的关系，RISC被提出后，才将传统的指令集系统称为CISC。而体系架构上的不同使两者在发展道路上看似分道扬镳，实则亦步亦趋。

计算机处理器是由实现各种功能的指令或微指令构成的，指令集越丰富，为微处理器编写程序就越容易。CISC是一个指令丰富的指令集，在CISC中进行程序设计要比在其他设计中容易，因为每一项简单或复杂的任务都有一条对应的指令。特别是有一些完成特定功能的专用指令，并且把一些原来由软件实现的常用功能改用硬件的指令系统来实现，如区块操作的Tile系列指令。这也赋予了 CISC 性能强劲，特别是处理特殊任务效率很高的优势。目前，桌面计算机流行的x86体系架构使用的就是CISC，微处理器厂商也一直在走CISC的发展道路，包括Intel、AMD、TI和IBM等。

既然 CISC 这么强大，一条指令就可以完成多个操作，为什么在我们的移动设备中几乎看不到它的身影呢？原因在于CISC的复杂性使得CPU和控制单元的电路非常复杂，导致设计周期很长，设计出来的芯片相对而言面积大、功耗大，并且仅有约20%的指令会被反复使用，而余下的80%左右的指令却不经常使用。较大的功耗和多余的指令宣告了CISC在移动设备上的失败。鉴于此，Hennessy和Patterson提出了RISC，旨在将计算机中最常用的约20%的指令集中优化为常用指令，而剩下的不常用的指令则拆分为常用指令的组合。RISC的指令在格式和长度上是固定的（例如，ARM的指令长度是32位），这样指令在一个周期内就可以执行完毕，处理器在执行指令的时候速度较快且性能稳定。RISC 可同时执行多条指令，它可以将一条指令分割成若干个进程或线程，交由多个处理器同时执行，因此在并行处理方面RISC明显优于CISC。由于 RISC 执行的是精简指令集，指令复杂度低，因此处理器电路结构也简单，设计周期大大缩短，设计出来的芯片成本低廉。大名鼎鼎的 ARM 就是基于RISC的产品。

在漫长的发展历程中，RISC 也曾经争取过，力求进入 CISC 的领域；CISC也奋斗过，希望在RISC的世界中分得一杯羹。目前CISC与RISC正在逐步走向融合，早期的Pentium Pro就是一个最明显的例子，它的内核都是基于RISC体系架构的，Pentium Pro在接受CISC指令后将其分解、分类成RISC

指令以便在同一时间内执行多条指令。由此可见，下一代的 CPU 将融合 CISC 与 RISC 两种指令集，在软件与硬件方面两者也会取长补短。

处理器的开源时代

计算机领域的霸主 Intel 和 AMD 的处理器是基于 x86 架构的。而移动设备领域的处理器，基本是基于 ARM 架构的。CISC 的 x86 架构是封闭的，能否使用该架构需要与 Intel 进行商洽，除 Intel 之外，到现在也只有 AMD 一家在量产 x86 架构处理器。RISC 的代表厂家 ARM、MIPS 等比较开放，授权 IP 核的模式也很多，包括架构层、内核层、使用层等多种授权级别，但仍要严格遵守甲方规定。未来在云谲波诡的国际形势下，后续新的架构是否能如之前一样开放也是我们必须考虑的问题。

伴随着云计算、人工智能等新技术的兴起和万物互联时代到来，开发者更渴望像 Linux 一样，拥有受制约较少的开放或开源的新架构。开源的意思就是按照一定规则公开源代码给后来者自由使用、不需要特别授权，并且可以进行深层次开发。开源更多地侧重于平等对待每一个开发者，不加歧视、一视同仁。在开源处理器的发展历史上，出现过很多优秀的架构，如 SUN 公司贡献的 SPARC V8，1994 年成为 IEEE 标准。还有 OpenRISC，一个始于 2000 年的 GNU（GNU’s Not Unix）开源项目，其 64 位指令集体系架构版本于 2011 年完成。

确保指令集体系架构细节的正确通常需要花费数年精力，例如，OpenRISC 和 RISC-V 的孕育时间分别是 11 年和 4 年。在设计一个指令集体系架构时，比较明智的选择是基于一个现有成熟的指令集体系架构，而不是从零开始。RISC 一类的指令集体系架构都比较相似，所以其中任何一个都可作为研究对象。

2010年开始研发的RISC-V，是在MIPS创始人之一的加州大学伯克利分校的David A. Patterson教授带领下完成的。从其命名上也可以看出来，RISC-V是基于精简指令集原则的开源指令集体系架构，RISC-V是一个新的架构，遵循BSD（Berkeley Software Distribution）协议。BSD协议保证了RISC-V可以免费使用并且各个公司可以基于RISC-V开发自己的产品用来销售，自己所做的创新可以保持开源也可以封闭。这意味着RISC-V架构给了开发者最大的自由，几乎可以自由发挥。

RISC-V是针对片上系统设计的，具有稳定的核心指令以支持其持续性。同时它有一套标准的、会缓慢演化的可选扩展指令。还有专为特定片上系统设计而无须重用的独特指令。OpenRISC、SPARC等也是开放的RISC架构。开源处理器已经在物联网芯片和SoC中登场，更长远的目标应该是在未来能成为所有计算装置的标准指令集体系架构，正如Linux已经成为大多数计算装置的标准操作系统一样。

Intel原来是“火星人”

早些年我们购买电脑，经常会问的是：“处理器是Intel的吗？”还有那句深入人心的“Intel Inside”和“灯、灯、灯”的广告。由此可见，Intel在整个计算机市场中，几乎可以媲美好莱坞明星的地位。1971年，Intel的4004微处理器诞生，它是世界第一款处理器芯片，被IBM首台个人计算机采用。1978年，Intel生产了8086，它是世界第一款x86处理器。此后Intel保持了x86的向后兼容特性，形成了今天庞大的产业生态。2021年，Intel全球PC处理器出货量超过3.4亿颗，预计在2022年将出货超400万颗独立GPU。全球的超级计算机，85%以上均采用了Intel至强处理器。

首先，我们要知道Intel和其他处理器厂商的区别：Intel是一家IDM企业。它是一家拥有从设计、制造、封装测试到销售全产业链的半导体公司。而竞争者中，AMD 是 Fabless 模式的公司，只专注于设计；台积电则是 Foundry 模式的代表，专注于代工制造。这些竞争者在各自优势环节，都可以做到数一数二。但对于 CPU 产品，Intel 的 IDM 模式，则更有利于从设计到制造（包括封测）整体优化考量，实现架构和工艺的结合。

同时，Intel 的 x86 处理器体系架构，虽非尽善尽美，但其优异的兼容性，独一无二的 Wintel 生态和强大的计算能力，使其在高性能上优势明显。下一步 Intel 将采用全新的架构策略，使未来几代的至强处理器同时拥有基于性能核（P-core）和能效核（E-core）的双轨产品路线图，目标是将两个优化的平台整合为一个通用、定义行业发展的平台。这一全新的架构策略将更大限度地增强产品的每瓦性能和细分功能，从而全面增强 x86 在业界的整体竞争力。

Intel 拥有超过 15000 名软件工程师，也是很多开源社区、开源项目、开源软件的重要支持者。Intel 公司的一款软件还曾让患肌萎缩侧索硬化症的科学家斯蒂芬·威廉·霍金拥有了自己的声音。这款软件叫作“辅助性语境感知工具包”，可以帮助残疾人更加轻松地使用电脑。现在 Intel 公开了这个工具包的源代码，这意味着我们可以利用它们创建与霍金所使用的软件类似的工具，并像霍金一样用它输入文本、发送指令、与外部世界交流。所以，软件也是 Intel 竞争优势的关键组成部分，提升了 Intel 的客户端、边缘、云和数据中心业务的整体价值。

历史上，Intel 在 50 余年的发展历程中数次面临困境，几近被竞争者追平，但都能绝处逢生，神奇得像是“火星人”，堪称硅谷奇迹。Intel 的八任 CEO 无一不是管理精英，他们提出的摩尔定律、“只有偏执狂才能生存”等认知和管理理念，都对硅谷和全球 IT 界产生了深远影响。深入学习国际上这类先进企业，有利于提高我们芯片企业的技术视野和管理水平。

第 6 章 存储器的设计

算来算去，存进存出：数据存储的意义

芯片起初的主要用途就是替代真空管、电子管用于计算，例如计算机微处理器。存储器就是在处理器里存储数据的载体，操作码和地址码组成的操作指令和数据都存放在存储器里。也就是说，存储器是用来存储程序和各种数据信息的物理记忆体。1969 年，在阿波罗 11 号飞船搭载的指引人类登月的导航计算机 AGC 上，只有 4 KB 随机存取存储器（RAM）、72 KB 只读存储器（ROM）作为存储空间。而今天市售的 iPhone 手机已拥有 4 GB 的运行内存和 1TB 的闪存，是 AGC 存储容量的数百万倍。

在数字经济时代“新基建”战略的实施过程中，5G、千兆光纤网络建设发展迅速，移动互联网、工业互联网、车联网等领域的发展日新月异，云计算、数据中心、智算中心等基础设施快速扩容，社会数据量在以指数级的速度增长。众所周知，在数据生产端，一部电影的数据量大约是 1 GB，相当于 1 张或 2 张光盘的存储大小。中国国家图书馆馆藏文献超过 3500 万册（件），数字资源总

量约为 1 PB。央视的电视新闻节目，几十年累计存储了约 100 PB 的数据。一辆自动驾驶测试车辆每天产生的数据量最高可达 10 TB。阿里巴巴公司每天处理的数据相当于数千个国家图书馆的信息量总和。现在每个人每秒大约产生 2MB 的数据。据预测，到 2025 年，地球一年将产生 175 泽字节（1ZB＝1024EB）的新数据。与之对应的是，在数据存储端，一个普通市售芯片 U 盘的存储容量为 32～256 GB。一台普通笔记本电脑的配置已经达到二级缓存 1 MB、三级缓存 4 MB，32 GB 内存，1 TB 极速固态硬盘。

为了处理和存储这些从来没有过的天文级数据，需要存储芯片和处理器芯片共同大展身手，包含海量存储器的存储服务器集群及数据仓库正在遍地开花。2022 年 2 月，国家开始实施“东数西算”工程，从全国角度一体化布局，提升国家整体算力水平。

从书库、书架、书桌到口袋书：存储的层次结构

为了容易理解计算机是如何存储的，各种存储芯片单元是如何分工和协同的，我们先讲个类比的例子。大家都知道，图书是知识的传统载体。我们学习、查资料、找数据、写论文，都需要通过图书来查找信息和数据。图书最多的地方是图书馆，但去图书馆路上花的时间比较长。而在单位图书室或从家中书架找书，就方便一些。如果手头要用的图书就放在办公桌或书桌上，那就方便多了。更便利的就是迷你字典、口袋书、工作便笺，带着出去坐地铁或回家坐沙发上随时随地都能查看。如果可能，把知识记住、暂存到脑袋里是最好的。总之，常用的信息，离自己越近，利用效率越高，但这样便利的信息相对数量并不多。

计算机其实也是这样在使用数据。根据存储器是否直接与 CPU 交换信息来

区分，计算机把存储器分为主存和辅存，或者说内存和外存。CPU 可以按存储单元的地址来存放或读取主存上的各类信息。其实 CPU 内部也有寄存器、缓存之类的存储单元。因此，存储实际上是一套多层次的综合存储体系，按距离核心运算单元从近到远，依次是寄存器、高速缓存、内存和外存，可对应于前面的口袋书、书桌、书架、图书馆的距离关系。在这套存储体系中，最内层的读取是纳秒级的，速度非常快但容量最小，越靠外读取速度越慢、容量越大。这也反映了一个叫作局部性的原理：CPU 访问存储器时，无论是存取指令还是存取数据，所访问的存储单元都趋于聚集在一个较小的连续区域中。

得存储者，三分“芯”天下

半导体存储器和处理器一样，两者都是集成电路中数一数二的大宗产品。据世界半导体贸易统计组织（WSTS）数据，2021 年全年全球半导体存储器产值达 1538 亿美元，占全球半导体总产值（5560 亿美元）的近 30%。存储器产值和逻辑电路产值相当，比处理器和模拟电路产值都多一倍。目前绝大部分存储器由存储芯片构成，DRAM、NAND 闪存和 NOR 闪存是存储芯片的三大主流产品，其中 DRAM 芯片约占整个存储芯片市场的 56%；NAND 闪存芯片占整个存储芯片市场的 41%，如图 6-1 所示。经过几十年的充分竞争，现在全球存储芯片市场已高度成熟和集中，三星、SK 海力士和美光三大厂商的全球市场份额之和达到约 95%。2021 年，三星、SK 海力士、美光三家生产存储芯片的厂商，在全球所有半导体产品公司中分别排名第一、第三和第四。第二名英特尔虽以处理器为主业，但也有一些存储器产品。

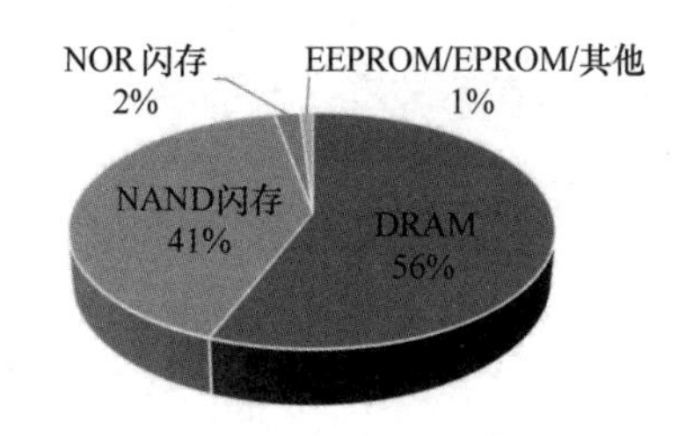

图 6-1 2021 年存储市场占比（销售额）

数据来源：世界半导体贸易统计组织（WSTS）。

中国目前大量进口存储芯片，用于电子产品组装与生产，占了每年存储芯片全球份额的 1/3。由于存储芯片生产高度规模化，多采用 IDM 模式，研发投入起步高、新设备投入大、知识产权密集，我国存储芯片产业还处于追赶状态。经过不断追赶和加大投资，特别是近十年来多家 12 英寸（1 英寸=2.54 cm）存储芯片晶圆制造厂的建成投产，我国企业现如今在 NOR 闪存领域已经占有一席之地，在 NAND 闪存和 DRAM 的技术积累上取得长足进步，在新型存储芯片研制方面也有可喜进展。例如，长江存储推出了 128 层 QLC 规格的 3D NAND 闪存，长鑫存储推出了首颗国产第四代双倍速率同步动态随机存储器 DDR4 内存芯片。在科创板上，也有数家以存储芯片为主业的公司的身影。

存储器的产品、种类

内存条（即 DRAM）、U 盘、SD 卡、TF 卡、MMC 卡、SSD 固态硬盘等，都是由存储芯片组成的。这些半导体存储器按照掉电后是否保存数据，分为易失性存储器和非易失性存储器。

易失性存储器包括静态随机存储器（SRAM）和动态随机存储器（DRAM）。

SRAM 中一个典型的存储单元，通常由 M1 至 M6 的 6 个晶体管组成，简称 6 管或 6T 存储单元。它是一组完全对称、首尾相连、交叉耦合的反相器。只要施加电压，其中数值就会保持。SRAM虽然面积大、容量小，但速度最快，访问时间为纳秒级。现在SRAM通常不再作为独立的芯片，而是作为高速缓存直接集成在处理器核内。

DRAM最常见的形式就是计算机插槽里的内存条。DRAM的存储单元是1C1T的基本结构，即一个电容加一个晶体管。它使用电容保存电荷的方式来存储数据。对电容（C）保存的电荷进行读或写，并使用一个晶体管（T）进行访问控制。由于采用电容保存电荷，DRAM需要周期性地刷新以保持数据。DRAM功能扩展优化后，还衍生出了同步DRAM（SDRAM）、双倍速率同步动态随机存储器（DDR）和双列直插式存储模块（DIMM）等各种形态的产品。

生活中我们经常接触到U盘、SD卡和固态硬盘当然也是存储器。它们一般采用闪存（Flash）作为存储器的非易失性存储芯片，这类存储芯片主要采用的是1988年Intel提出的NOR存储技术和1989年东芝提出的NAND存储技术，可以在断电后（例如关机后）仍保留数据信息。

NOR闪存作为数据存储的重要器件，其主要功能是存储和读取数据，同时实现开机启动等固定运行的程序，NOR闪存具备随机存储、读取速度快、芯片内执行代码等特点。NOR闪存产品广泛应用于手机、PC、蓝牙模块、TWS耳机、触控与显示驱动器集成（TDDI）、有源矩阵有机发光二极体（AMOLED）、可穿戴设备和安全芯片等代码型闪存应用领域。

NAND闪存可以实现更大容量存储、高写入和高擦除速度，具有更长的寿命，多应用于大容量数据存储，如智能手机、平板电脑、U盘、固态硬盘、服务器等领域，具有无噪声、质量轻、容量大、体积小、工作温度范围广等优点。随着海量数据对存储提出越来越高的要求，NAND闪存芯片技术得到快速发展。

站在同一起跑线上的新型存储器

所有的半导体存储器，包括新型存储器，都是从凝聚态物理基础研究发展而来的。SRAM、DRAM、NAND 闪存、NOR 闪存这些已量产的存储器，包括近年来出现的铁电随机存取存储器（FeRAM），它们都是基于电荷的存储器，这类存储器本质上是通过电容的充放电来实现存储的。磁存储器（MRAM）、阻变式存储器（RRAM）、相变存储器（PRAM）这三类新型存储器则是基于电阻的转变来实现存储的。

磁存储器（Magnetic Random Access Memory，MRAM）

2007 的诺贝尔物理学奖授予了法国的艾尔伯·费尔（Albert Fert）和德国的皮特·克鲁伯格（Peter Grunberg），表彰他们在巨磁阻和自旋电子学方面的研究工作。这项科学研究的一种工程产品实现就是磁存储器。MRAM 采用磁性隧道结的结构，原理是“电阻在不同磁场存在时会变化”。按驱动自由层翻转的方式不同，MRAM 又分为传统的 MRAM 和 STT-MRAM。前者采用磁场驱动，后者采用自旋极化电流驱动。对于传统的 MRAM，由于半导体器件本身无法产生磁场，需要引入大电流来产生磁场，因而需要在结构中增加旁路。这种结构功耗较大，而且也很难进行高密度集成。若采用自旋极化电流驱动，即 STT-MRAM，则不需要增加旁路，功耗可以降低，集成度也可以大幅提高。目前工业界，IBM、希捷、西部数据、汉维、东芝、三星、索尼、中电海康等公司，都给予了 MRAM 足够的关注。2017 年，三星宣布为恩智浦物联网芯片的 MRAM 提供晶圆代工。2021 年，三星表示正在推进 14 nm 制程，以支持 3.3 V 高电压或快闪型嵌入式 MRAM（eMRAM），进而提升写入速度和密度。

阻变式存储器（Resistive Random Access Memory，RRAM）

阻变式存储器是基于电脉冲触发可逆电阻转变效应（EPIR效应）开发的，原理是在外加纳秒级电压脉冲的作用下，器件的电阻在低阻态（“0”）和高阻态（“1”）之间实现可逆转变，变化率可达1000倍以上，并且所得到的电阻在外电场去除后可以保持下来。这种现象由美国休斯敦大学在2000年公布于世。IBM、富士通、索尼、中科院微电子所等单位都对RRAM进行了长期的研究和产业化推动。

RRAM技术的主要优势表现在：一是制备简单。存储单元为“金属—氧化物—金属”三明治结构，可通过溅射、气相沉积等常规的薄膜工艺制备。二是擦写速度快。擦写速度由触发电阻转变的脉冲宽度决定，一般小于100 ns，远高于闪存存储器。三是存储密度高。研究表明电阻发生变化的区域很小，长宽约几纳米，因此存储单元可以很小；另外，在RRAM中还存在多水平电阻转变现象，利用这些电阻状态可存储不同信息，在不改变存储单元体积的条件下可实现更多信息的存储。四是半导体工艺兼容性好，RRAM可利用现有的半导体工艺技术生产，从而大大缩减开发成本。

铁电随机存取存储器（Ferroelectric RAM，FeRAM）

FeRAM将铁电质膜用作电容器来存储数据。铁电质膜以铁电物质为原材料，将微小的铁电晶体集成进电容内，通过施加电场，铁电晶体的电极在两个稳定的状态之间转换，实现数据的写入与读取。每个方向都是稳定的，即使在电场撤除后仍然保持不变，因此能将数据保存在存储扇区而无须定期更新。FeRAM的写入次数可以高达10^{14}次，具有10年以上的数据保存能力。在重写某个存储单元之前，FeRAM不必擦除整个扇区，因此数据读写速度较快。富士通、英飞凌、中科院微电子所都是FeRAM技术产业化的推动者。

相变存储器（Phase-Change Random Access Memory，PRAM）

相变存储器是一种新兴的非易失性存储器。相变存储材料在加热的情况下可以在晶态和非晶态之间转变，实现在高阻态和低阻态之间的可逆转变，工业界对该项技术也投入了很大的力量，但非常遗憾，在平面的独立式存储上没有获得成功。2015 年，Intel 和美光推出的 3D X-point 技术，为 PRAM 的量产带来了新的生机，被誉为 20 年来存储器领域革命性的新技术，揭开了存储器层次架构演变的新篇章，对于计算机系统的重构与优化具有深远的影响。与 DRAM 相比，3D X-point 不需要刷新，另外 DRAM 的读取过程是破坏性的，电荷会丢失，在读操作后需要重新写入数据，但 3D X-point 不需要，虽然速度慢一些，但比 NAND 闪存快很多，同时它的密度又比 DRAM 大，几乎可以与 NAND 闪存相比拟。

遗憾的是，3D X-point 采用平面堆叠的方式，不像 3D NAND 闪存的垂直堆叠架构，随之带来的就是高成本，这也成为制约 3D X-point 技术进一步发展的因素。另外，相变材料基本的原理，就是要在热作用下发生晶态和非晶态的转变，所以它对温度非常敏感，在高温环境中的可靠性问题是一个挑战。PRAM 早期的研发者，包括 IBM、三星、美光、Intel 和中科院微系统所已经推出 PRAM 的产业化商品。

DRAM 存储器引发日美芯片霸主之争

世界上第一场由集成电路引发的商战，就是 20 世纪 80 年代美日之间的存储芯片竞争。全球集成电路产业起源于美国，在 20 世纪 50 年代至 70 年代的几十年里，美国一直遥遥领先。日本在这个阶段一直非常注意引进和学习美国的半导体技术，而且在研发上“挥金如土”。1966 年，在 IBM 托马斯 •沃森（Thomas J. Watson）研究中心，时年 34 岁的罗伯特 • 登纳德（Robert H.Dennard）博士，提出了用金属氧化物半导体场效应管来制作存储芯片的设想，其原理是利用电容内存储电荷的多寡来代表一个二进制比特（bit）是 1 还是 0。这样，每一个 bit 只需要用一个晶体管加一个电容来表示，在这个设想下，罗伯特成功研发出 DRAM。1970 年，Intel 在自己的 3 英寸晶圆厂成功量产了划时代的 C1103，使得表征 1 bit 只要 1 美分的成本，这让 DRAM 具有了量产经济性。1972 年，凭借 1KB DRAM 取得的巨大成功，Intel 已成为一家拥有 1000 名员工，年收入超过 2300 万美元的产业新贵。之后十年间，德州仪器、莫斯泰克、美光等一系列竞争者不断推出技术更先进、更便宜的 DRAM。

20 世纪 70 年代，日本的电器和汽车开始与欧美竞争、行销全球，日本又开始瞄准芯片。这次日本“独具慧眼”看到的机会就是计算机处理器之外的 DRAM。1976 年，日本通产省牵头，日本电气、三菱电气、富士通、日立、东芝和电气技术实验室联合成立了 VLSI 研发联合体，同时启动 DRAM 制程革新，针对更先进的大容量 DRAM 进行研发。同年，日本就和美国同时研发出 16KB 的 DRAM。1977 年，日本领先美国 2 年推出 64KB 的 DRAM。在之后 256KB、1000KB 的 DRAM 研制上，日本始终保持领先地位。1982 年，日本成为全球最大的 DRAM 生产国。1985 年，全球半导体产业转入萧条，半导体价格大幅度下跌，Intel、TI 等厂商被迫撤出了 DRAM 市场。而凭借 VLSI 项目的成功，日本企业一举占据了 64KB、128KB、256KB 和 1MB 的 DRAM 市场 80%～90%的份额。根据 Gartner 数据，1987 年，日本的 NEC、东芝、日立霸占全球半导体厂商榜单前 3 名，前 20 名中日企占据 10 席。

美国作为科技最发达和经济实力最强大的国家，是无法忍受日本半导体产业与美国并驾齐驱的。终于，美国对日本发动了经济战争。1985 年，日本签订了《广场协议》。1986 年，美国与日本签订《美日半导体协议》，协议主要内容包括：对日本半导体限制出口数量；制定公平价格，日本半导体必须高于“公平价格”来出口；美国在日半导体市场份额强制要达到 20%以上。1991 年，第二次《美日半导体协议》签订。1999 年，为保护日本的 DRAM 产业，在日本通产省主导下，NEC 和日立分别剥离旗下 DRAM 业务，成立了新公司尔必达，2004 年，三菱电机的 DRAM 业务部门也被并入。自此，曾在 1993 年 IC Insights 的全球十大半导体厂商排名中分别位列第二、第五和第八的 3 家日本半导体厂商的 DRAM 业务汇集在了一起。然而 2012 年，在遭遇日元升值、韩国同行强势崛起、市场需求和产品价格双双下滑等影响下，尔必达被美国美光科技收购，这标志着日本在 DRAM 的竞争中一路狂奔，却高开低走。

几十年来，在市场需求下，一批企业的成长推动了 DRAM 产业走向成熟和集聚，也有一批企业退出竞争。但是，集成电路产业“技术驱动创新”的特色没有变，仍然有一些老牌企业和更多的新企业一直在持续创新，推出新方法、新结构、新工艺和新器件。虽然技术产业化的道路从来不平坦，但也是“英雄辈出”。一个典型的代表就是英特尔和美光近年推出的 3D X-Point 技术。据报道，它的延迟速度仅以纳秒计算，比 NAND 闪存速度提升了 1000 倍，耐用性也更高，使得在靠近处理器的位置存储更多的数据成为可能，它的出现填补了 DRAM 和 NAND 闪存之间的技术空白。

闪存：“存储王”三星的第二棒

研究国际存储器芯片行业重大事件、突破性技术和代表性企业，有助于我们掌握存储芯片产业独有的一些规律：战略视野与规模效应。在日本 DRAM 产业经历 20 世纪 90 年代前后的起伏跌宕后，韩国成为冉冉升起的全球存储器领域“新星”，其中最亮的那颗叫“三星”。斗转星移，借助国家政策支持，通过引进日美技术、逆周期投资等战略措施，三星很快成为全球动态随机存储器（DRAM）领域的新霸主。三星在 2021 年继续拿下 DRAM 市场冠军，连续

30年保持世界第一，产量占到全球DRAM总产量的40%。三星的第二个存储器代表性产品，是结合了EPROM的高密度和EEPROM的结构变通性双重优点的NAND闪存。本节重点介绍三星的NAND闪存之路。

自三星正式坐上闪存市场头把交椅以来，差不多有二十年时间了，这期间有几个里程碑事件。

在1999年开发出首款1GB NAND闪存后，三星的1GB NAND闪存于2002年投入量产，这是第一个里程碑。

第二个里程碑是电荷撷取闪存（CTF）。2006年，三星将其首款40nm 32GB NAND闪存商业化，该闪存采用了一种创新性的电荷撷取闪存的架构，能够打破当时普遍采用的浮栅架构的局限性。电荷撷取闪存（CTF）是一项利用穿孔氮化物（亦称为陷阱）作为绝缘体存储电荷的NAND闪存技术。这项技术构建了一个二进制系统，其中存储电荷的陷阱表示1，而空陷阱则表示0。通过将导电的浮栅替换为不导电的氮化物，CTF能够有效地消除相邻单元之间的串扰或干扰。

第三个里程碑是凭借3D垂直NAND闪存技术实现立体存储。CTF方法存在一些技术局限，主要是随着工艺持续发展，单元变得更小，相邻单元之间的距离缩短，单元间干扰加剧。为此，2013年，三星创新提出和实现了圆柱形3D CTF和垂直堆叠技术，开发出3D垂直NAND（3D V-NAND）闪存技术。这就像用摩天大楼（3D V-NAND）替代单层房子（平面NAND）。这一进步还实现了与传统平面NAND相比的3项显著改进，即更快的速度、更低的功耗和更高的单元耐用性。一项克服了芯片密度局限的安全、高容量NAND闪存技术就此诞生，并将引领着我们进入“太比特时代”。

第四个里程碑是凭借基于PCIe的NVMe™接口，最大限度提高固态硬盘（Solid State Drives，SSD）性能。消费者的芯片购买意愿很大程度上是由价格决定的。但随着时间的流逝，越来越多的消费者开始优先考虑容量和性能。传统计算领域的数据交换使用的是工业标准接口 SATA，速度有限。如果将 SATA 比作一条单车道公路的话，那么 PCIe 则是一条 6 车道高速公路。三星是首个将基于 PCIe 的 NVMe™接口应用于企业级和消费级 SSD 的厂商。相较于 SATA，基于 PCIe 的 NVMe™ SSD 可提供更大的带宽和更快的响应速度，将数据传输推向全新的层次。

如今，三星继续凭借一个又一个开创性创新和一系列突破性发展（包括发布并量产全球首项 3D V-NAND 闪存技术的产品，能够交付最高水准性能和品质的产品及解决方案等），持续引领着产业的进步。这让世界再一次认识了技术创新对集成电路产业的根本性驱动和牵引作用，也激发着同行的创新之心。

中国军团的存储破垒

创新，一直是中国存储器企业的执着追求。近年来，中国存储器企业在设计制造与经营管理上重金投入、持续发力，目前在 NOR 闪存和 NAND 闪存等产品上的突破明显。

NOR 闪存芯片设计企业兆易创新，在全球市场占有率已排名第三，年出货量超数十亿颗，并且是在本土的芯片生产线上进行流片与封测的。部分 NOR 闪存芯片已经通过车规级认证，开始进入汽车电子市场。

兆易创新最早于 2008 年推出了国内第一颗 SPI NOR 闪存芯片，随之上演了国产 NOR 闪存的逆袭之旅。兆易创新进入 NOR 闪存市场的头几年正是功能手机的最后疯狂期，那时 NOR 闪存领域的霸主是飞索半导体（Spansion），但 2009 年受大客户诺基亚（NOKIA）手机市场惨败等因素的影响，Spansion 于当年宣布破产保护，最后被 Cypress 收购。次年，取代 Spansion 成为霸主的恒忆，被美光收购，而三星也退出了 NOR 闪存的生产。美光、Cypress、旺宏、华邦电等公司占据了当年全球 NOR 闪存供应量的接近 90%。

其后，兆易创新抓住了串行 NOR 闪存替代并行 NOR 闪存的机遇，推出相应的产品。在天时地利人和的共同作用下，兆易创新加快研发步伐，迅速实现产业突围。2020 年，兆易创新推出国内首款容量高达 2GB 的高性能 SPI NOR 闪存——GD25/GD55 B/T/X 系列产品，该系列可提供 512 MB～2 GB 的不同容量选择，支持高速 4 通道和兼容 JEDEC xSPI、Xccela 规格的高速 8 通道，主要面向需要大容量存储、高可靠性与超高速数据吞吐量的工业、车载、AI 和 5G 等相关应用领域。与消费电子不同，汽车行业的电子器件需满足更为严苛的 AEC-Q100 车规标准要求。兆易创新 GD25 SPI NOR 闪存已通过 AEC- Q100 认证，是目前唯一的全国产化车规闪存产品。至 2021 年，兆易创新在全球 NOR 闪存产品的市场占有率已达 12%，稳居全球第三。

NAND 闪存国际市场长期被三星、SK 海力士、美光、英特尔、西部数据和铠侠等占据。受智能手机发展推动，我国目前对 NAND 闪存的需求占比居全球首位，价值达 200 多亿美元，占全球总需求的 37%。2018 年以前，中国的 NAND 闪存芯片全部依靠进口。

2016 年，总投资 240 亿美元的长江存储成立，开始研发 3D NAND 闪存芯片。2 年后，长江存储发布了 Xtacking 技术，标志着在闪存技术架构上取得突破性创新。2019 年 9 月，长江存储宣布开始量产基于 Xtacking 架构的 64 层 256 GB TLC 3D NAND 闪存芯片，以满足固态硬盘、嵌入式存储器等市场应用需求。2020 年 4 月，长江存储推出的 QLC（4 bit/cell）是继 TLC（3 bit/cell）后 3D NAND 闪存新的技术形态，具有大容量、高密度等特点，适合读取密集型应用。QLC 创新性采用了存储和外围两片晶圆的键合集成晶栈的 Xtacking 2.0 先进架构。

每颗 X2-6070 QLC 闪存芯片拥有 128 层三维堆栈，共有超过 3665 亿个有效的电荷俘获型（Charge-Trap）存储单元，每个存储单元可存储 4 bit 的数据，共提供 1.33 TB 的存储容量。如果将记录数据的 0 或 1 比喻成数字世界的小“人”，则一颗 X2-6070 QLC 闪存芯片相当于提供了 3665 亿个房间，每个房间住 4“人”，共可容纳约 14660 亿“人”居住，是上一代 64 层单颗芯片容量的 5.33 倍。2022 年 4 月，长江存储推出了采用基于晶栈（Xtacking 2.0）架构闪存的消费级固态硬盘产品——致态 TiPlus5000。

在 DRAM 方面，另一家中国厂商——长鑫存储在 2020 年就已经推出首颗国产 DDR4 内存芯片。同时，国内还有澜起科技等数家非常优秀的内存接口芯片供应商和 DDR 系列 IP 核供应商。一个存储器产品全线突破的创新时代已经来临。在集成电路技术引领的道路上，中国前进的脚步将越来越快。

第 7 章 模拟集成电路

与真实世界的对话窗口：模拟集成电路

在真实的物理世界中，物理量的变化通常是连续的，例如，击打羽毛球后的飞行轨迹。这种随时间连续变化的信号叫作模拟信号。而按一定采样频率对模拟信号取值采样后的信号，则是数字信号，它是一组与时刻相关的数值。对原始信号直接处理的电子技术，我们称为模拟电子技术。作为数字世界与真实世界交流的出入口，模拟电子技术必将长期存在于我们的生活中。数码相机、数字电视、电机控制等场景都需要将原始的光、声、电等物理量数字信号化，即实现模拟信号转数字信号后再进行处理。对数字信号处理后的数据，又通过数字信号转模拟信号的步骤，通过驱动喇叭、视频播放、电机转动等形式，实现对操作对象的操作和控制。

模拟集成电路包涵广泛，数模转换、射频和电源管理是其中的三大“当家花旦”。模拟电子技术按信号处理方式，可以分为信号产生、信号放大、信号调制、信号功率驱动及相关的电源技术等。而实现这些功能最合适的就是荣获

1956 年诺贝尔物理学奖的 20 世纪最大发明，也就是在数字信号领域构成最基本数字门电路的“晶体管”。以 NPN 型晶体管（见图 7-1）为例，这个晶体管的基极 b 和发射极 e 是单向导通的，近似于一个二极管；仅在集电极 c 端电位高于发射极 e 端电位时，集电极 c 端电流呈现出基极 b 端电流的几十倍到几百倍之间一个固定倍数的放大效应。各个晶体管厂商的产品手册中都会有产品命名规则和示例图标注基极 b、发射极 e 和集电极 c 的位置。晶体管实现了由基极 b 上一个较小的电流在集电极 c 控制产生一个较大的电流，它们之间是一个恒定的倍数关系。

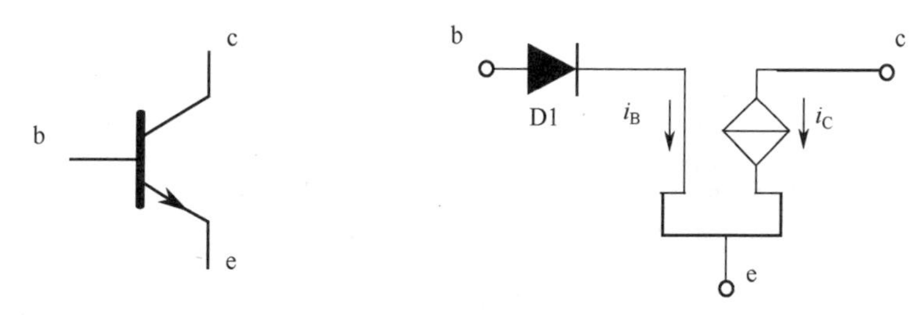

图 7-1　NPN 型晶体管及其简化模型

对于芯片产品，数字电路设计通常只需在功耗、性能和面积（PPA）3 个因素间进行平衡。而模拟电路设计的考虑维度更多，需要在速度、功耗、增益、精度、电源电压、噪声、面积等多种因素间进行折中。而模拟电路对噪声、串扰和其他干扰比数字电路敏感很多。随着芯片制程提升，电源电压的降低和工艺器件的二级效应，对模拟电路比对数字电路的影响大得多。模拟电路受限于摩尔定律和高端制程的程度较小，强调的是高信噪比、低失真、低耗电、高可靠性和稳定性，制程过小反而可能导致模拟电路性能受限，业界仍大量使用 0.18 μm、0.13 μm 的 BCD 工艺，CDMOS 工艺和 55 nm、65 nm 的 CMOS 工艺。后端版图对模拟电路的影响远大于数字电路，线路设计不完善的版图会导致模拟电路无法工作。因此，优秀模拟集成电路设计工程师的培养周期更长、对经验积累的要求更高。

基础模拟集成电路：放大器

能够把微弱的信号放大的电路叫作放大电路或放大器。例如助听器里的关键部件就是一个音频放大器。放大器分为交流放大器和直流放大器。交流放大器又可按频率分为低频、中源和高频放大器；按输出信号强弱分成电压放大、功率放大等。放大器包含输入级和输出级，分析一个放大器的时候首先要分辨出放大电路的输入级和输出级，再找出其中间级。工作在开环模式的放大器，虽然增益很高，但是其工作状态是不稳定的，而闭环放大器通过负反馈的方式可以实现很稳定的增益。因此，在实际应用中，电路往往加有负反馈。放大器包含很多重要的指标：增益、带宽、压摆率、线性度、噪声、功耗和输入/输出摆幅等。

CMOS 模拟集成运算放大器大致包括以下几种结构：共源放大器、共漏放大器、共栅放大器和共源共栅放大器等。

共源放大器

借助于自身的跨导，MOS 管将栅—源电压的变化转换成小信号漏极电流，电流流过电阻就会产生输出电压。当然，电阻也可以改用 MOS 管来实现，共源放大器电路如图 7-2 所示。

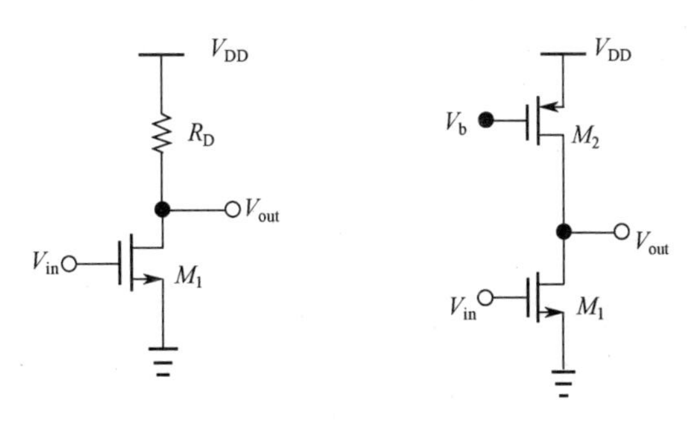

图 7-2 共源放大器电路

共漏放大器（源跟随器）

为了驱动一个低阻抗的负载，经常需要在放大器后面放置一个“缓冲器”，源跟随器就起到一个电压缓冲器的作用。源跟随器利用栅极接收信号，利用源极驱动负载，其电路如图 7-3 所示。

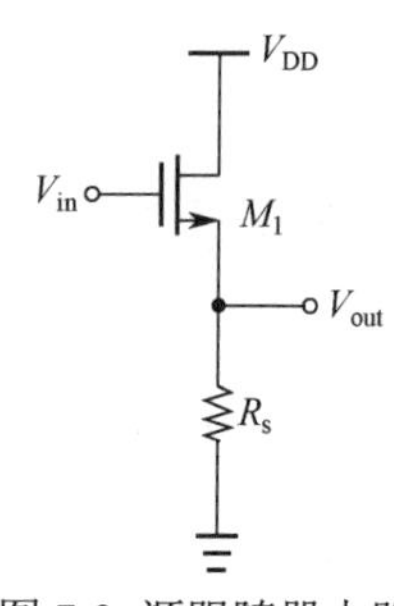

图 7-3 源跟随器电路

共栅放大器

在共源放大器和源跟随器中，输入信号都是加在 MOS 管的栅极，把输入信号加在 MOS 管的源极也是可以的，源极接受输入，在漏极产生输出，栅极连接直流电压，其电路如图 7-4 所示。

共源共栅放大器

共源放大器和共栅放大器的级联叫作共源共栅放大器，这种结构有很多优点，最大的优点就是输出阻抗很高，可以提供很大的增益，其电路如图 7-5 所示。

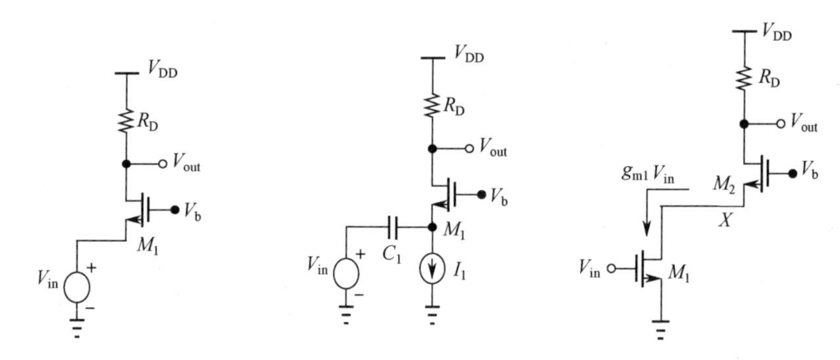

图 7-4 共栅放大器电路　　图 7-5 共源共栅放大器电路

以上各种放大器各有优缺点。带电阻负载的共源放大器：小信号增益大，输出电阻大，输入电阻无穷大；共漏放大器：小信号增益小，输出电阻小，输入电阻无穷大；共栅放大器：小信号增益大，输出电阻大，输入电阻小；共源共栅放大器：小信号增益超大，输出电阻超大，输入电阻无穷大，输出摆幅小。

模数转换器（ADC）

在芯片领域境外对我们出口限制最严的，一是高端处理器芯片，二是高端模数转换器、数模转换器芯片，即用在 ADC 和 DAC 上的芯片。由此可知两者的价值。ADC 和 DAC 扮演着模拟世界与数字世界之间通讯员的角色。ADC 的核心作用就是把模拟世界的连续信号转换成数字世界的离散信号，再通过计算机处理器芯片或核进行处理。2023 年，全球 ADC/DAC 市场规模有望扩张至 50 亿美元。ADC 芯片主要应用在通信设备（>35%）、汽车电子（22%）、工业（20%）和消费电子（10%）领域。例如，一个 5G 基站需要十几个性能在 250 Msps～1Gsps、14 bit 或 16 bit 的 ADC 芯片，每颗 ADC 芯片的单价为十几至五六十美元不等。

ADC 的一般工作过程可参见图 7-6。ADC 工作时分两步四拍。两步是指信号提取和信号转换，四拍是指采样—保持—量化—编码。

第一步信号提取，即“采样—保持”：根据采样定律，定时测量连续变化的模拟信号的瞬时值，衡量指标是采样速率，单位为每秒采样次数。每秒 100 万次、10 亿次采样分别对应 1Msps、1Gsps。取样值要保持一定时间，以便下一步对模拟信号的取样值进行量化和编码。

第二步信号转换，即“量化—编码”：数字信号的大小是某个规定最小数量单位的整数倍，取样得到的信号必须按某种近似归化为某一数值电平，这个过程称为量化，而量化的结果必须经过编码，用代码表示出来，实现数字信号转换。衡量指标是分辨率，以位数来计量。分辨率越高，转换得到的信号与原始信号之间的失真越少，例如，14 bit 分辨率比 8 bit 分辨率能更真实反映出原始模拟信号的波形。ADC 芯片还有精度、量化误差、功耗、温漂信噪比等性能指标。根据结构不同，ADC 可进一步分为积分型、逐次比较型、Σ-Δ 调制型和流水线型等类型。

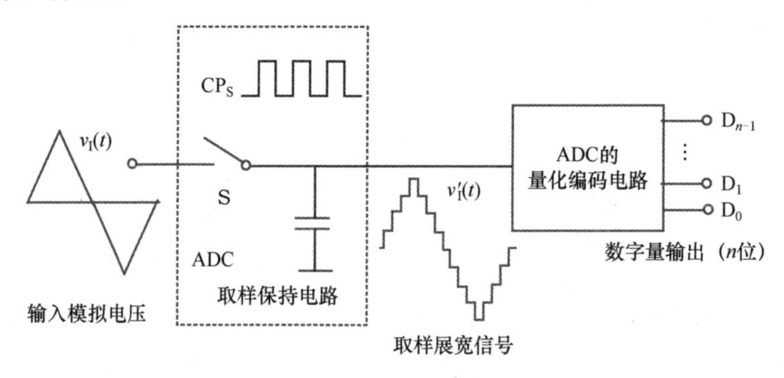

图 7-6 ADC 的一般工作过程

数模转换器（DAC）

数模转换器（Digital to Analog Convertor，DAC）是一种将输入的数字信号转换成模拟信号输出的电路或器件，它被广泛地应用在信号采集和处理、数字通信、自动监测、自动控制和多媒体技术等领域。

传统的 DAC 大多数由电阻阵列和多个电流开关（或电压开关）构成。通过数字输入值切换开关，产生与输入成比例的电流（或电压）。DAC 芯片电路按输出是电流还是电压，分为电压输出型和电流输出型两大类。电压输出型 DAC 有权电阻网络、T 型电阻网络和树形开关网络等类型。电流输出型 DAC 有权电流型电阻网络和倒 T 型电阻网络等类型。为了改善精度也有把恒流源放入器件内部的 DAC。乘算型 DAC 既可以进行乘法运算，也可以作为使输入信号数字化衰减的衰减器和对输入信号进行调制的调制器使用。一位 DAC 常被用在音频等应用中，它将数字值转换为脉冲宽度调制或频率调制的输出，之后用数字滤波器进行平均化，得到一般的电压输出。分辨率、建立时间、精度和线性度是 DAC 的关键指标。

随着半导体工艺的进步，数字电路在高速低功耗方面进展迅速，迫切需要DAC（和模数转换器 ADC）提高速度和精度，降低功耗，减小芯片面积来提升性能。在 SoC 中，DAC 是以 IP 形式出现的。中高精度、高速 DAC 主要应用在无线通信、有线通信、视频处理和测试仪器等领域，采用电流舵（Current Steering）结构，精度范围从 8 bit 到 14 bit 甚至 16 bit，特点是速度快，工作频率可以达到几百兆赫甚至吉赫。高精度、低速 DAC 主要用在音频解码等消费电子产品上，主要采用Σ-Δ（Sigma-Delta）结构，特点是精度高，一般可以达到 16～24 bit，但是速度相对较低。低精度、高速 DAC 主要用在无线通信、仪器测试等方面，也主要采用电流舵结构，但是精度较低，一般在 6～8 bit，速度非常快，工作频率通常能达到吉赫以上。低功耗 DAC 用在一些速度较低的场合中，如电源控制、可编程控制等，主要采用电阻串（Resistive string）结构，采用的是比较早期的工艺。

5G 射频芯片：艺术家的设计

中国的第五代无线移动通信应用在全球是领先的，已经进入人们的生活和工业生产中。5G 采用毫米波、微基站、大规模多路输入多路输出（Massive MIMO）、波束赋形、设备到设备（D2D）技术，通过更高频率、更大带宽、更快速度，提供更流畅的视频、更快的内容下载、更短的时延和更便捷安全的业务部署能力。射频（Radio Frequency，RF）表示可以辐射到空间的电磁频率，频率范围为 300 kHz～300 GHz，它是一种高频交流变化电磁波的简称。无论在手机侧还是基站侧，都是基带部分处理信号，而射频部分收发信号。一套完整的射频系统在架构上包括射频收发器、射频前端、天线 3 个组件。射频前端中的放大器负责信号放大，滤波器清除杂波噪声，天线开关控制天线的启闭，天线调谐器认真“调教”天线以获取最佳收发效果……射频系统结构如图 7-7 所示。

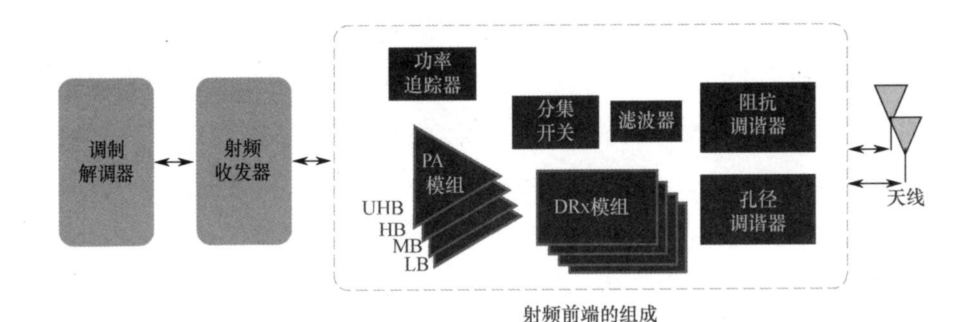

图 7-7　射频系统结构

在基站侧的芯片架构上，将传统离散式超外差系统中的分离 ADC、DAC、调制器、解调器、串行器、解串器、时钟、DVGA 等各个功能模块集成到一颗射频芯片上逐渐成为可能。高集成和通道间高度协同的芯片通过数字射频直采可以满足 400MHz/800MHz 的瞬时带宽要求，使宏站、小站、Massive MIMO 等平台归一化成为可能。手机侧的芯片原理上与基站侧一样，但考虑到功率、成本、体积等因素，其对射频三大组件的实现也有分离套片方案和单芯片集成方案之分。单芯片集成方案当然有利于缩减模块尺寸、减少功耗，而且借助更深层次的优化整合，实现了诸如宽带包络追踪、算法辅助信号增强、多载波优化、去耦调谐等功能。但是技术上需要更好地处理电磁干扰，与热、相位、功率等各种类型相关的非线性噪声，以及延伸到软件开发、测试、制造、封装等环节的一系列影响因素。例如，噪声系数和线性度是射频芯片的主要指标，芯片制造时的衬底噪声耦合、封装时信号传输线的寄生电感等都会产生影响，处理不好就会出现支持频段少、信号弱等现象，导致丢包、时延、断网和卡顿等问题。射频芯片的分支与应用如图 7-8 所示。

射频芯片的设计存在着各种看似难以调和的指标间综合平衡，什么样的折中是最佳的？这取决于产品的实际应用要求，难以一概而论。因此射频芯片设计者可以被称为“艺术家”。

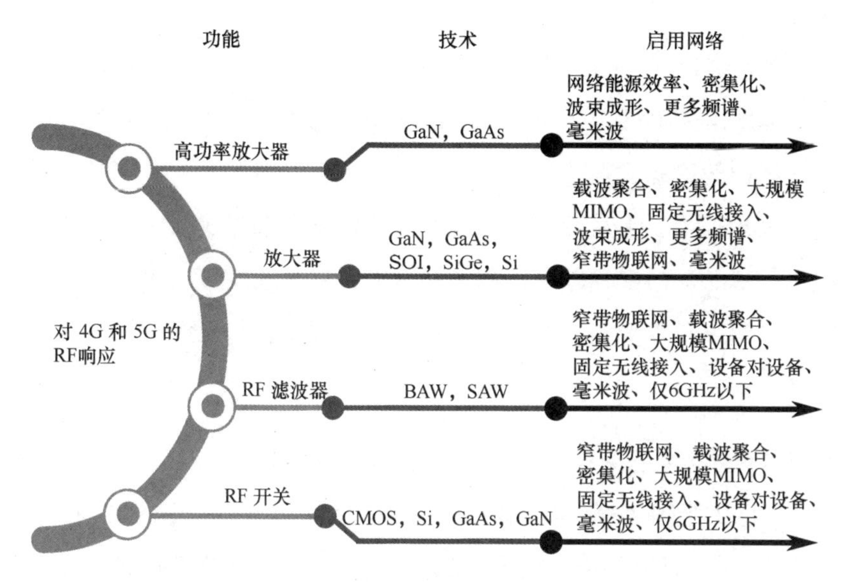

图 7-8　射频芯片的分支与应用

我们的第一个翻身仗：电源管理芯片

从计算机、移动电话、纯电动汽车到数据中心，电源管理芯片负责系统的电能转换、分配、检测等，扮演着电子设备电能供应心脏的角色，占据模拟芯片半壁江山。早期，芯片设计中更多考虑的是频率、时序等指标，但今天高效电源管理的理念要求设计者首先考虑的方面包括提高能源效率、减小芯片尺寸和提高系统安全性等。很多芯片已经通过电源管理方案，为芯片或系统中的用电单元提供动态、多电压、智能供电选择，按输入—输出电源类型不同，可分为整流（AC-DC）、变频（AC-AC）、斩波（DC-DC）和逆变（DC-AC）等方案。常见的电源管理芯片包括低压差线性稳压器（LDO）、直流转换（DC/DC）、电池充电与管理芯片和 LED 驱动芯片等。

电源管理芯片应用广泛、种类众多，这给中国电源管理芯片企业提供了追赶和超越国际同行的大好机会。考虑到功率与散热等因素，电源管理芯片和其他模拟芯片类似，并不需要最小的线宽，而是制程大多集中在 28 nm 的特殊工艺。借助国产手机、音响、显示器、LED 照明、小家电、电动车等产业的拉动，我国的电源管理芯片企业成长迅速，是国内芯片行业中最活跃的分支之一，上海贝岭、士兰微、圣邦股份、芯朋微、晶丰明源、富满电子、华润微电子、芯龙、昂宝、矽力杰和瑞能微等一批企业脱颖而出。国际上该领域有巨头，但谈不上寡头。在电源管理芯片领域，我们已经打下了第一个翻身仗。

未来电源管理技术有望在更小的空间内实现更大的功率，从而使功率密度提升；采用低电磁干扰（EMI）设计可以降低无源滤波器的尺寸、成本、设计时间和复杂性；采用低静态电流模式（器件开启但处于待机模式），降低集成电路的自生噪声并滤除上游来源的噪声，增强电源和信号完整性；采用高密度隔离式直流/直流偏置电源模块，在实现信号和/或电源交换的同时提供功能保护屏障，提高系统可靠性，减小外形尺寸并简化 EMI 合规性，帮助设计人员设计出更高效、更实用、更绿色的电子产品。

德州仪器才是“武当真人”：利润之神

德州仪器（Texas Instruments，TI）是总部位于得克萨斯州的全球最大模拟半导体公司。它成立于 1930 年，近百年来开创了众多行业先河，包括制造了第一台晶体管收音机、第一块集成电路、第一台集成电路电脑、第一个单芯片商用数字信号处理器（DSP）等。德州仪器稳居全球半导体企业营收 TOP10 的榜单已有近 30 年的历史，在行业内的地位可以与 Intel 等比肩，可以比拟为半导体行业的“武当派”。TI 在近百年历史长河中，培养出了包括台积电、中芯国际创始人在内的一大批产业精英。模拟芯片依赖于工程师长期的经验积累，德州仪器在全球有大约 31000 名员工，其中亚太地区约占一半。模拟芯片还需要设计与工艺高度协同，德州仪器在全球有 15 个制造基地，包括 11 家晶圆制造厂、7 家组装和测试工厂和多家凸点和探头工厂，每年生产数百亿颗芯片，为 100000 多名客户提供约 80000 种产品。这要求 TI 基于灵活的制造策略和精确的供应链控制，提供出色的供应保障，根据客户需要随时随地向其交付产品，满足当前和未来的需求，并通过强大的业务连续性流程为不可预测的市场提供支持。

德州仪器的业务目前分为 3 部分：模拟业务（Analog）、嵌入式处理业务（Embedded processing）和其他业务（Other）。其中，模拟芯片的贡献率达到 77%，而且年成长率约为 20%。其他业务包含计算器、数字光处理（DLP）和专用集成电路（ASIC）等产品。TI 主要产品面向工业和汽车市场，2021 年在这两个市场的收入占比为 62%，同比上涨 19%。德州仪器的年报显示，2021 年销售收入达到 183.4 亿美元，净收入达到 77.7 亿美元。

德州仪器致力于扩大长期的自有制造能力，位于得克萨斯州的 12 英寸（1 英寸=2.54 cm）半导体晶圆制造基地从 2022 年 5 月起正式开始建设。首座工厂预计于 2025 年投产，项目投资约 300 亿美元。目前德州仪器已有和正在建设中的 12 英寸半导体晶圆制造基地有 DMOS6、RFAB1、RFAB2 和 LFAB。这些制造基地，可为 TI 提供设计协同、产品品质、供应周期、成本控制等综合优势的有力支撑。

第 8 章
集成电路设计的 EDA 技术

EDA 工具的主要构成

随着摩尔定律的不断演进，集成电路需要在 EDA 工具的支持下完成复杂的设计和制造环节。EDA 是 Electronic Design Automation 的简称，即电子设计自动化，主要是指协助完成集成电路芯片的电路功能设计、逻辑综合、功能仿真、版图设计、物理验证等一系列流程，最终输出设计数据的软件工具。EDA 工具是集成电路全流程的重要支撑环节，是集成电路设计方法学的工具载体，也是连接设计和制造在内各个流程的桥梁。结合集成电路的电路类型与技术环节，集成电路 EDA 工具可以分为三大类：数字电路设计全流程 EDA 工具、模拟与混合电路设计全流程 EDA 工具、集成电路制造类 EDA 工具。每一类 EDA 工具，都是由若干种 EDA 点工具组合而成的。其中，数字电路设计全流程 EDA 工具主要用于逻辑设计、逻辑综合、物理验证和贯穿整个数字电路设计全流程的各种验证等；模拟与混合电路设计全流程 EDA 工具主要用于电路设计、仿真验证和物理验证等；集成电路制造类 EDA 工具则主要用于工艺平台开发与晶圆制造等。集成电路设计与制造流程及相应的 EDA 工具如图 8-1 所示。

根据上述集成电路设计和制造流程的主要阶段，可根据支撑节点及工具特质将数字电路设计全流程 EDA 工具、模拟与混合电路设计全流程 EDA 工具、集成电路制造类 EDA 工具三大类工具进一步细分，各细分门类如图 8-2 所示。在国际上，Synopsys、Cadence、Mentor 占了全球 EDA 市场份额的 90%以上。

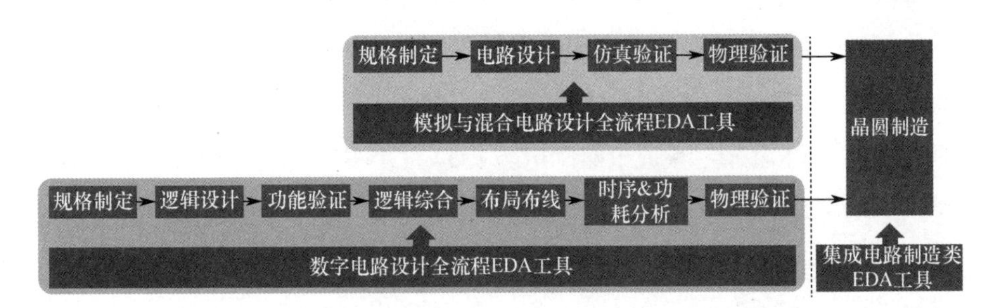

图 8-1　集成电路设计与制造流程及相应的 EDA 工具

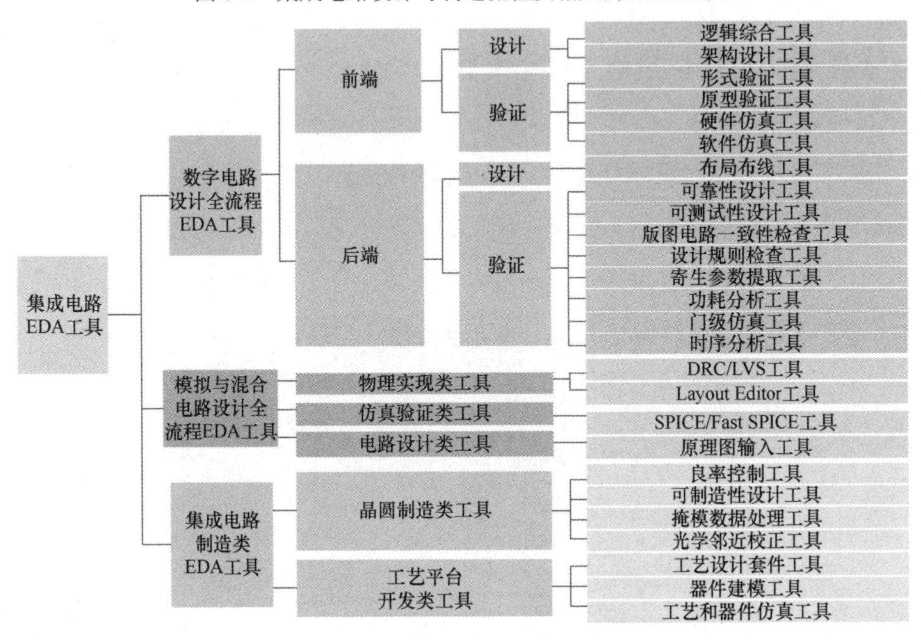

图 8-2　EDA 工具的主要大类及细分门类

其中，数字电路设计全流程 EDA 工具可根据设计流程分为前端和后端两大部分，而前、后端又有不同的设计工具和验证工具。前端设计工具包括架构设计工具和逻辑综合工具，而后端设计工具主要是布局布线工具。前端的验证工具有 4 种：软件仿真工具、硬件仿真工具、原型验证工具和形式验证工具；后端的验证工具有 8 种，包括时序分析工具、门级仿真工具和功耗分析工具等。相较于数字电路设计，模拟与混合电路设计全流程 EDA 工具和集成电路制造类 EDA 工具较少。模拟与混合电路设计全流程 EDA 工具分为电路设计类工具、仿真验证类工具和物理实现类工具，其中电路设计类工具为原理图输入工具，仿真验证类工具为 SPICE/Fast SPICE 工具，物理实现类工具包括 Layout Editor 工具和 DRC/LVS 工具。集成电路制造类 EDA 工具分为工艺平台开发类工具和晶圆制造类工具，前者包含了工艺和器件仿真工具、器件建模工具和工艺设计套件工具，后者包含了光学邻近校正工具和掩模数据处理工具等。

数字电路设计全流程 EDA 工具

数字电路设计全流程 EDA 工具可帮助数字芯片设计企业从概念、算法、协议等开始设计电子系统，实现对逻辑的编译化简、布局和优化，完成从电路设计、性能分析到设计版图等复杂过程，大幅提升集成电路设计的效率和灵活性。数字电路设计按照设计流程主要可分为前端和后端两部分，如图 8-3 所示。

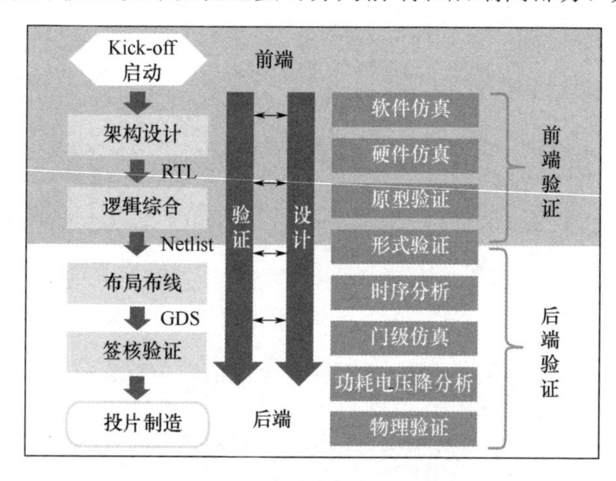

图 8-3　数字电路设计流程

前端又称逻辑设计，主要和电路逻辑实现相关，使用HDL语言描述电路，并进行仿真、验证、综合分析，最后生成功能正确且特性满足的芯片门级网表。根据 EDA 工具实现的主要功能可以进一步细分为前端设计和前端验证，前端设计主要是逻辑综合，还包括功能定义、架构设计、RTL编程等，实现了设计到电路图的转换。前端验证主要是功能验证，包括软件仿真、硬件仿真、原型验证和形式验证等，实现了对设计功能的测试与检验，确保芯片能够实现预期效果。

后端又称物理设计，主要和工艺相结合，将前端设计产生的门级网表转换成集成电路设计版图，并进行物理验证，输出可直接交付给工厂的物理版图以进行下一步的集成电路制造工作。根据 EDA 工具实现的主要功能可以进一步细分为后端设计和后端验证，后端设计主要是布局布线，实现了电路图到设计版图的转换。后端验证包括各种参数提取、物理电路模型仿真，如时序分析、门级仿真、功耗电压降分析、物理验证（含可测试性设计、可制造性设计、可靠性设计、成品率及良率优化）等，以确保物理版图设计能够实现规划中的电路性能。

在整体竞争格局方面，国际三大EDA供应商在数字电路设计全流程EDA工具领域处于垄断地位，都宣称能提供全流程的数字电路设计EDA解决方案，但各家发展过程中各有侧重点和优势。一些成长中的企业大多以点工具切入特定环节，通过专注与快速迭代在细分市场实现局部竞争优势。国内企业中，国微思尔芯在原型验证领域、概伦电子在器件建模和电路仿真领域的 EDA 工具方面都取得一定的成绩，填补了国内数字集成电路设计环节中原型验证这一关键节点的空白。

在数字电路EDA工具的技术发展现状和趋势方面，随着摩尔定律的发展，数字集成电路设计难度日益提高，为适应不断发展的集成电路设计验证要求，更大逻辑容量、更优性能、更高自动化程度是数字电路 EDA 工具的共性技术发展目标。同时，人工智能、云计算等新技术的不断发展为数字电路 EDA 工具带来新的发展机遇，数字电路 EDA 工具也正不断与新技术发展相结合，未来数字电路 EDA 工具将借助人工智能、云计算，不断迭代升级，实现云平台化、一体化与智能化。

模拟与混合电路设计全流程 EDA 工具

模拟电路是处理外界连续的模拟信号（图像、声音、触感、温度、湿度等）或虽不能直接感知但是客观存在的模拟信号（微波等）的电路，相比数字电路，模拟电路的电子设计自动化工具大多并非模块化的。因为模拟电路的功能更加复杂，而且不同部分的相互影响较强，作用规律复杂。

在模拟电路设计中，主要是通过手动设计单元库，手动设计电路图，手动布局、布线并进行模拟电路仿真（SPICE）来实现设计目标的。模拟电路设计使用的 EDA 工具包括两部分：一是电路图和版图的显示、编辑、画图工具，工具的特点是有图形界面，通过人机交互就能实现电路图和版图的设计；二是各种设计规则检查、参数提取和电路仿真工具，工具的特点是精准度高。由于模拟电路更多的是依赖设计师的经验和电路理论技术来实现高精尖的性能指标，因此模拟电路 EDA 工具比较少具有自动化功能，设计规模也比较小。

混合电路是指数字电路和模拟电路集成在一个版图上的电路，例如一个系统芯片，同时集成了电源和传感器。模拟电路和数字电路的设计流程和 EDA 工具特性的差异对混合电路设计提出了新的挑战。由于模拟电路对电压波动、信号干扰等比较敏感，所以常见的处理方式是在早期设计阶段分割出模拟电路和数字电路，并通过各自的 EDA 工具开展设计。数模混合电路通常采用模拟电路 EDA 工具设计模拟电路和数字接口，再把整个模拟电路作为一个固定的 IP 模块，通过数字接口接入系统和版图。

在技术发展阶段和未来趋势方面，模拟与混合电路 EDA 工具各门类的技术发展相对比较成熟，但也在随着新技术、新制程持续进步，主要发展目标包括支持更多半导体材料（如宽禁带半导体、光电材料等）、支持更先进制程、支持更精细的器件建模实现、支持根据工艺特征生成更精细的工艺设计套件（PDK）数据，通过并行加速、算法优化等实现更快的模拟电路仿真等。国内的模拟电路设计全流程 EDA 工具供应商有华大、九天等。

集成电路制造类 EDA 工具

集成电路制造类 EDA 工具主要是面向晶圆厂（包括晶圆代工厂、IDM 的制造部门等）的设计工具，协助晶圆厂开发工艺并提供器件建模和仿真等功能。集成电路制造类 EDA 工具和生产制造密切相关，其目的是实现芯片制造过程的质量和效率可控。一般来说，制造类 EDA 工具处理的对象为芯片版图数据、光罩掩模数据、晶圆实物电气特性和自动测试机（ATE）测试数据等。设计公司也需要使用部分制造类 EDA 工具来修改版图以提升芯片品质。

集成电路制造类 EDA 工具包括工艺平台开发类工具和晶圆制造类工具，前者包括工艺和器件仿真工具、器件建模工具、工艺设计套件工具等，后者包括光学邻近校正工具、掩模数据处理工具、可制造性设计工具、良率控制工具等。

在技术发展现状和未来发展趋势方面，集成电路制造类 EDA 工具和代工厂工艺制程密切相关。随着集成电路前后端制造厂商工艺制程、生产效率、良率的持续改进，集成电路制造类 EDA 工具技术也不断实现迭代。同时，随着集成电路的制程进一步缩小及对应制造难度的不断上升，为加快工艺节点的开发速度，并减少设计端和制造端的反复，设计与制造协同优化（DTCO）是该领域 EDA 工具的一个重要发展趋势。

数字设计验证的性能比赛：仿真

SoC/ASIC 设计规模不断增大，且结构愈加复杂，导致验证的复杂度呈指数级增长。为了缩短芯片的上市周期，在不同设计阶段选择不同的仿真验证工具，提高效率、加速验证的收敛显得尤为重要。软件仿真工具、硬件仿真工具和原型验证工具各具特点和优势。

软件仿真是基于硬件描述语言对数字电路设计进行功能和特性的仿真和验证。软件仿真工具对高级语言进行编译分析，并转换成类似一个个独立运行的函数，通过系统调度器在计算机处理器中实现多线程调度运行，支持连接第三方工具（如数学建模软件、硬件仿真加速器等）完成功能仿真。

硬件仿真工具则用于源代码开发调试阶段，该阶段属于功能验证阶段的前一阶段，此时 IP 子模块已被拼接成整体系统，但整体系统的源代码仍不成熟，源代码中仍可能存在一定数量的错误，此时就需要利用硬件仿真工具来对系统源代码中潜在的深度错误和性能瓶颈进行捕捉和探测，并对存在错误的源代码进行修改和完善。此阶段系统不够稳定，无法开展片上软件开发工作。为达到上述目的，硬件仿真工具将可控制时钟和信号全可视作为核心技术，工具中含有数量较多的探测仪器、信号记录器等来记录系统电路运行的每一个时钟周期的数据，以便查找设计错误，该技术的核心在于实现高速运转速度的同时还要信号全部可探测。

原型验证工具应用于芯片设计前端，产品形态为配套了计算机软件的硬件设备，主要功能为模拟芯片的功能和应用环境，以验证芯片整体功能，并提供片上软件开发环境。原型验证工具的应用对象为设计源代码，底层技术为源代码的语法分析和编译、实时控制等技术。一方面，原型验证工具能够在多个 FPGA 组成的硬件设备中模拟芯片功能，为芯片设计公司模拟验证高速样品，此样品与投片后的芯片拥有同样的功能，从而能够在投片之前开展芯片的环境适应性测试。另一方面，现代化芯片普遍承载着一个甚至多个运行软件的 CPU、GPU，该类软件开发的复杂度越来越高，为了加快芯片投放市场的速度，在芯片投片之前即需要进行软件开发，原型验证工具为软件工程师提供了一个能够并行验证的软件开发平台，加快产品推向应用市场。

原型验证工具应用于源代码功能验证阶段，此时系统源代码已较为成熟，系统源代码中已极少存在错误，因而原型验证工具基本不涉及源代码修改，此阶段的重要任务是利用原型验证工具模拟芯片的行为，以验证源代码能否准确实现设想的功能，此阶段可开展片上软件开发工作。原型验证通过组网识别、快速编译、实时控制等方式实现验证。原型验证工具允许软件控制时钟，并且，为了使片上软件高速运行，原型验证工具不允许记录每个时钟的数据或者加入信号记录器，因为这样会严重减慢运行速度。

硬件仿真工具的本质为系统级源代码错误捕捉工具，而原型验证工具的本质为进行源代码验证和软件开发的功能模拟器，软件仿真工具、硬件仿真工具、原型验证工具在核心技术路线、技术特性、底层技术、产品功能等方面存在较大差异。三者的区别如图 8-4 所示。

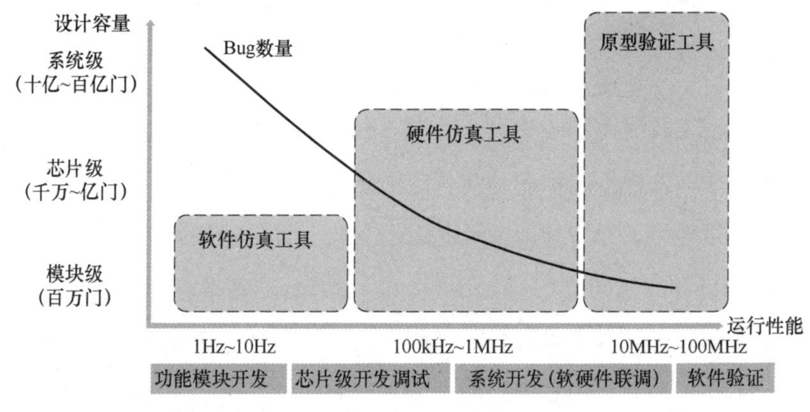

图 8-4 软件仿真工具、硬件仿真工具、原型验证工具三者的区别

买买买：国际 EDA 并购史

EDA 的发展史就是一部并购史，以新思（Synopsys）、楷登电子（Cadence）明导电子（Mentor，于 2016 年 11 月被西门子收购）为代表的国际 EDA 巨头，从 20 世纪 80 年代开始一直发展到今天，都经历了万溪归江的并购过程。据统计，在过去的 30 年中发生在 EDA 行业的并购近 300 次，高峰时期一年发生过 20 次左右。

新思成立于 1986 年，由通用电气的 Aart de Geus 带领团队创立。新思从逻辑综合软件业务起家，通过市场拓展、外部并购和内部研发等方式持续做大。通过持续的并购和研发，新思不断获得新的能力和市场，收入稳步增长。新思的并购路线如图 8-5 所示。

楷登电子早期以模拟芯片设计工具为主营业务，逐步形成了较为完整的模拟芯片设计工具版图，包括单元库设计、模拟仿真、电路板设计等。后期也增加数字电路设计和生产制造相关工具，并大量收购和加强模拟 IP 业务。楷登电子的并购路线如图 8-6 所示。

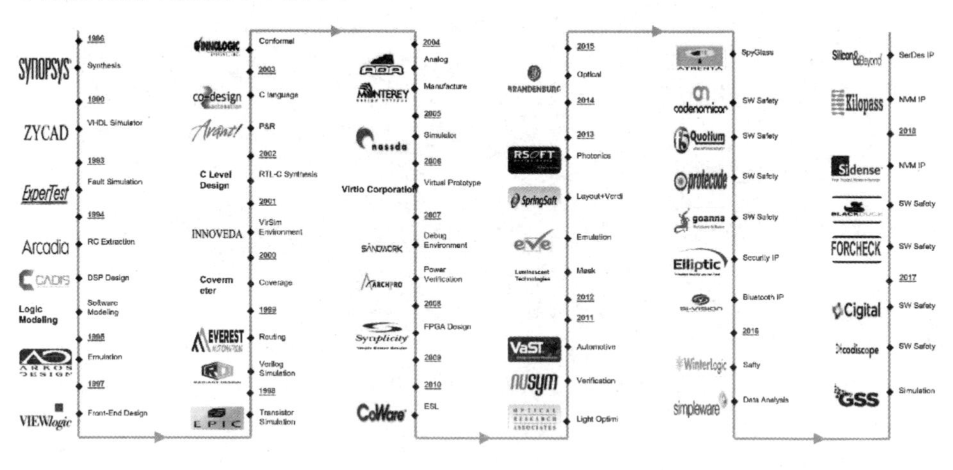

图 8-5　新思的并购路线

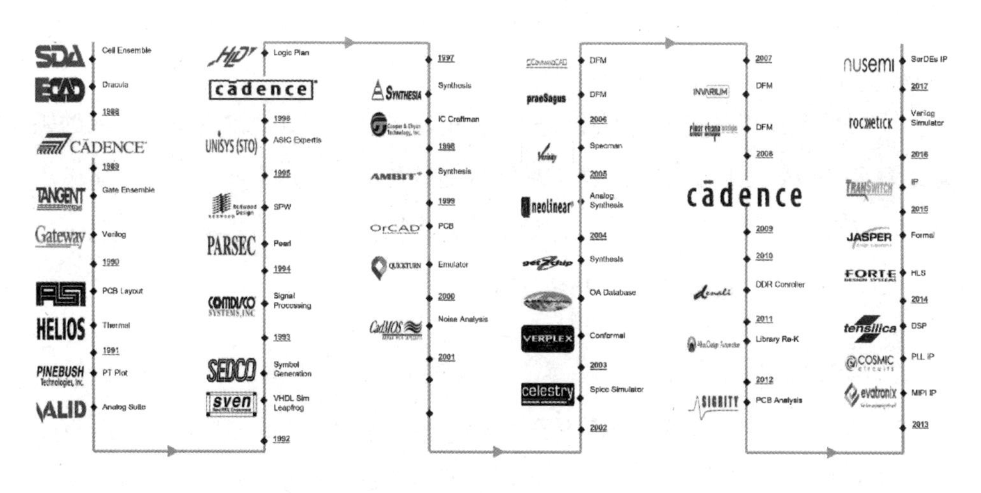

图 8-6　楷登电子的并购路线

明导电子是最早的 EDA 厂商，在物理设计和物理验证上有较大的市场占有率。明导电子在高级建模仿真、混合仿真等方面也有不少产品，后期更多地向生产制造，物理验证，电、热验证等更偏物理端的方向进行拓展。2016 年，明导电子被西门子收购。明导电子的并购路线如图 8-7 所示。

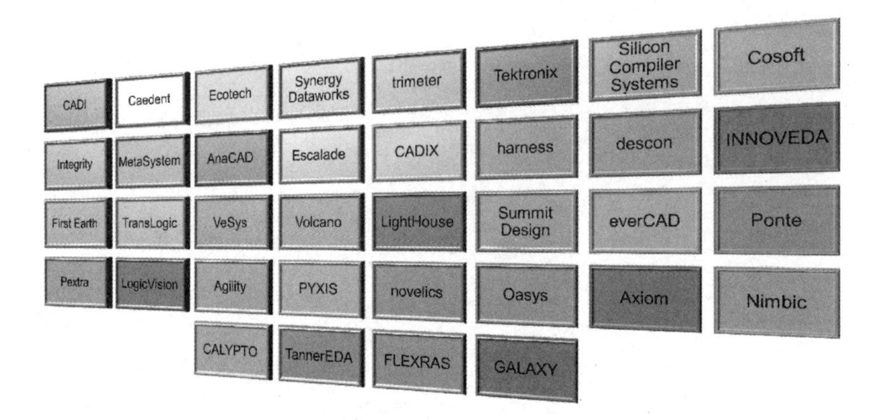

图 8-7　明导电子的并购路线

中国 EDA 初现大本营：上海

上海作为我国集成电路产业的标杆城市，早已将 EDA 列为重点布局的领域。目前 EDA 三巨头都在上海设立了分支机构，同时，上海还聚集了国微思尔芯、芯和半导体、概伦电子、合见工软、立芯软件、阿卡思微电子、瞬曜电子、伴芯科技、九霄智能等 EDA 公司。

政策规划

针对国内 EDA 尚处于起步阶段，企业规模小、散、弱的现状，以及 EDA 产业发展在供给和需求双侧发力的规律，上海市政府高度重视，在《新时期促进上海集成电路产业和软件产业高质量发展的若干政策》等文件中提出针对性举措支持 EDA 产业发展。通过 EDA 创新应用专项，支持 EDA 企业与用户单位联合开展 EDA 核心技术攻关和验证迭代。通过科技创新专项，加强 EDA 国家专项地方配套力度，支持 EDA 企业加大研发攻关力度。通过长期优惠利率信贷专项，支持 EDA 企业并购整合，做大做强。通过产教融合专项，支持高校 EDA 人才培育和国产 EDA 教育行动。上海在 EDA 人才培育、技术攻关、市场应用、行业整合等全方面给予政策支持，打造国内一流的 EDA 产业政策环境。上海也涌现了一批国产 EDA 龙头企业。例如，国微思尔芯由硅谷资深 EDA 专家团队于 2004 年在上海创立，在深圳、北京、西安、新竹、日本东京、韩国首尔和美国圣何塞均建立了分支机构或办事处，2018 年被国微集团收购，是国内领先的快速原型验证及仿真系统的 EDA 工具研发、销售和设计服务提供商，已广泛涉足人工智能、物联网、高性能计算、图形图像处理等领域。目前在全球范围内拥有超过 500 家客户。

EDA 产业生态集聚

一是有着超前的 EDA 产业生态集聚。EDA 作为集成电路生态的支撑，是集成电路设计制造流程和方法学的载体。上海作为我国集成电路产业重镇，通过多年不断的产业优化布局，形成了非常强大的集成电路设计、生产、封装测试和应用产业链。中芯国际、华虹集团、积塔半导体等国内领先的晶圆制造企业为 EDA 企业发展提供丰富的工艺参数。以上海海思、紫光展锐、上海韦尔、上海兆芯等为代表的近 600 家知名设计企业组成 EDA 企业最大的用户群。上下游芯片设计、封装、测试企业及装备、材料等支撑企业共同构成了互为依存的良性生态圈，为 EDA 产业发展提供了良好的发展环境。

二是 EDA 企业集聚。鉴于 EDA 工具的重要性，为进一步提升集成电路产业链优势，补齐产业链短板，避免核心技术受制于人，上海积极吸引国内外重点 EDA 企业来沪发展，形成产业集聚效应。经过前期布局，上海已集聚了国微思尔芯（科技重大专项联合承担单位）、概伦电子、上海芯和、奥卡思、九同方、上海华大九天等国内重点 EDA 企业。同时 Synopsys、Cadence、Mentor 等国际 EDA 龙头企业和国内其他 EDA 重点企业均在上海设立了区域总部或研发中心。目前，上海已基本成为国内 EDA 人才、企业和资源最集聚的地区。

三是人才集聚。上海及长三角高校为 EDA 产业发展培养了很多优秀的人才，为 EDA 前瞻技术研发提供坚实的智力支持，产学研生态和资源整体良好。全球三大 EDA 企业通过在上海设立区域总部或研发中心，培育了一批 EDA 人才。近年来，上海持续进行大刀阔斧的人才政策改革，相继制定出台“人才 20 条”“人才 30 条”等政策措施，从更好满足市场主体和外国人才的实际需求出发，实行了更加积极、开放、有效的海外人才政策，加快构建具有全球竞争力的人才制度体系，优化营商环境，使外国人才在沪工作生活环境不断优化，形成对全球高峰人才的“磁吸效应”，外籍高层次人才集聚度不断提升。

第 9 章 封测技术与可靠性

装在"防护服"里的芯才安全：封装

表 9-1 中是一颗颗芯片。

您看到了吗？说您看到了，这的确是一颗颗芯片，功能完整的芯片。也可以说您没有"看"到，因为那些微米级乃至几纳米工艺的神秘"芯"（Die），还藏在它们的衣帐里面。您看到的只是裸芯片的黑色"防护服"。专业人员称它为封装。

是的，刚从晶圆制造厂出来的裸芯片很娇贵。它怕大气里的宇宙射线和人们身上的静电，它很脆，怕指甲的划痕，怕外界的温度变化和水汽、灰尘，它需要可靠的供电和纯净的信号进出，它工作的时候发烫，需要及时散热降温。所以工程师给它穿上一层"防护服"，把它包裹保护起来。

这件衣服的材质取决于芯片的工作场合，是要上天入海的宇航级，还是走遍天下都不怕的汽车级、进工厂下基站的工业级，抑或待在空调办公室里的消费级，所以它可以很贵、也可以很便宜：可以是迷你的罐头盒子（金属封装），可以是昂贵的陶瓷（陶封），也可以是便宜的塑料（塑封），还可以简单到滴一滴胶水（胶封）。

芯片通过印制电路板与其他器件相连接后才能进行整机工作。芯片与电路板的早期连接方式是通孔式，现在市场上大都采用体积更小、组装效率更高的表面贴装式，具体方式可以由引线键合二排或四排金属腿，朝外翻或朝内卷；可以通过一圈焊球进行球栅封装；也可以一面布满金属焊球，而焊球的数量高达几千个，这些焊球间的距离可以控制在 90 μm 左右，相当于一根头发的直径。芯片引脚或焊球的多少主要取决于信号传输的通道数量，以及电子产品的设计尺寸大小和成本预算。现在，我们有了更先进的封装技术，例如通过硅通孔实现对裸芯片电气连接的三维封装，控制面对面结构精细间距（小于 100 μm）的倒装互连技术……

一颗芯，百件衣

人靠衣裳马靠鞍。封装为芯片穿上了可靠的“防护服”。下面让我们来认识一下这些“防护服”吧，具体见表 9-1。

表 9-1　部分 IC 封装形式表

	同轴封装		COB 封装
	单插直列封装 （Single Inline Package，SIP）		双插直列封装 （Dual Inline Package，DIP）

续表

	引脚网格阵列（Pin Grid Array，PGA）		小外形封装（Small Outline Package，SOP）
	薄小外形封装（Thin Small Outline Package，TSOP）		边/两边方形扁平无引脚封装（Dual/Quad Flat No-lead Package，DFN / QFN）
	小型方块平面封装（Quad Flat Package，QFP）		无引脚芯片载体（LCC）
	带引脚的塑料芯片载体（PLCC）		带引脚的陶瓷芯片载体（CLCC）
	球栅阵列（Ball-Grid Array，BGA）		增强型球栅阵列（EBGA）
	低轮廓球栅阵列（LBGA）	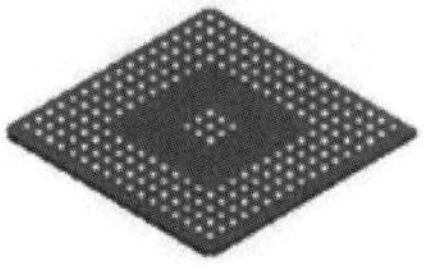	塑料球栅阵列（PBGA）
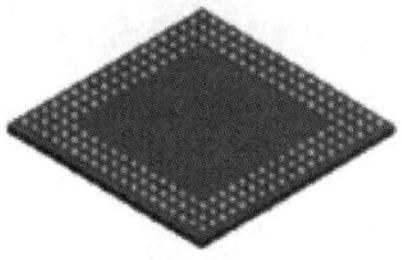	超级球栅阵列（SBGA ）		小型超级球栅阵列（TSBGA）

续表

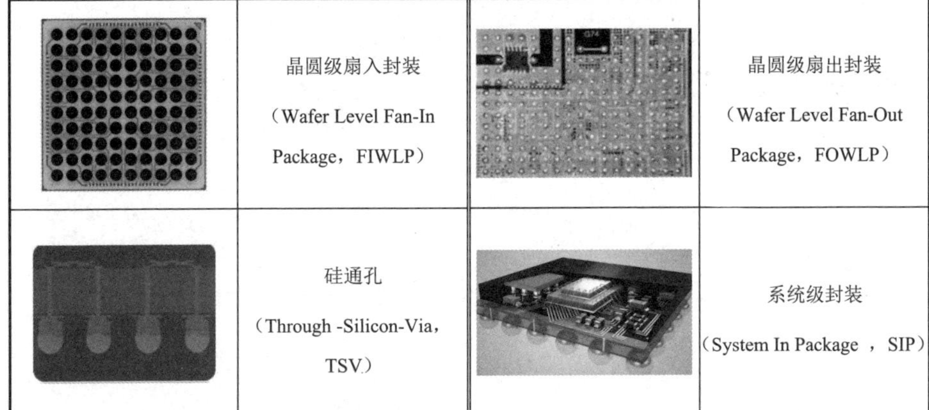

	晶圆级扇入封装 （Wafer Level Fan-In Package，FIWLP）		晶圆级扇出封装 （Wafer Level Fan-Out Package，FOWLP）
	硅通孔 （Through -Silicon-Via，TSV）		系统级封装 （System In Package ，SIP）

引线框架封装

当我们维修电视机、电话机或洗衣机时打开主控板，看到的芯片都是一个个正方形或长方形的硬质塑料盒，引出一组金属引脚后焊接在绿色的印制电路板上。这就是传统的引线框架封装。小外形封装（SOP）和小型方块平面封装（QFP）是最受欢迎的两种引线框架封装形式，在外观上引脚从双侧或四边伸出进行排列，是适用于众多低到中等引脚数量应用的最实用、最具性价比的解决方案。

SOP 适用于外引线数不超过 28 条的小外形集成电路，常用于各种电子消费品和汽车产品的存储器、模拟集成电路、微控制器中。此类封装，一般有宽体和窄体两种封装形式，提供各式各样的封装功能，能够以有竞争力的成本制造低引脚数量的设备。

QFP 采用焊线或倒装芯片技术，以实现芯片和引脚框架封装载体之间的互连。QFP 大量应用于 ASIC、DSP、微控制器和存储器中。它为低到中等引脚数量（32～256 个）的集成电路提供低成本的可靠解决方案。针对功率设备或通信等领域的应用，工艺上可采取强化措施，如多晶粒和晶粒堆叠，提供铜线、金线和银线选项，使用局部镀银的粗化铜引线框架，增加散热片等，以满足耐高温、低导通阻抗等特殊需求。

这些封装在工序上分为前道、中道和后道，主要步骤有晶圆减薄、芯片切割、粘接、打线、注塑、固化、电镀和成型等，中间穿插光学检测。根据环境保护要求，生产过程中采用的都是无铅化且符合 RoHS 要求的材料。

倒装焊与球栅阵列封装

形形色色、五花八门的封装形式和方法，其实主要目的就是一个：实现芯片内部信号与外部大系统间的可靠通信。一种常用的通信渠道就是上文介绍的引线互连，这很便宜且成熟。但引线存在间距和线长的物理极限，典型的引线间距可以做到 0.4 mm，线材长度和直径通常分别为 1～5 mm 和 15～35 μm，I/O 接口达到 400 个。再想提升信号密度、缩小时延和减少寄生信号等，就得用到由 IBM、Motorola 和几个主要的封装代工厂商在 20 世纪 90 年代研发实现工业量产的倒装芯片（Flip Chip）焊接（简称倒装焊）和球栅阵列（Ball-Grid Arrays，BGA）封装技术了。1999 年的 Intel 奔腾 III CPU 就实际商用了倒装焊技术。

倒装焊技术的原理：首先在晶圆裸芯片表面制作形成由焊料制成的凸点（Bump）或焊球（Solder），接着切割、翻转芯片后通过焊球、凸点实现与基板或引线框架的连接。焊球一般高 60～100 μm，直径是 80～125 μm。另一种常用的铜柱芯的焊接结构，则是在 40 μm 高的铜柱外边包裹锡银合金焊料。因为凸点可以分布在芯片的整个表面，而不仅仅是外围区域。这样电源能够直接连接至裸芯片核心，而不需要重新布线至边缘。这种方式减小了电源/接地电感，能够大幅度降低核心电源的噪声，提高硅晶的性能。裸芯片的全部表面都能用于互连，而不仅限于边缘部分，因此相同尺寸的裸芯片支持更多数量的互连和更大的信号密度。倒装焊的另一个突出优点是，不存在降低信号电感的键合线，这样由于互连长度显著变短（从 1～5 mm 缩短至 0.1 mm），信号通道的电感也大幅度减小。这是高速通信和开关器件的关键因素。

BGA 封装本质上是利用基板的多个高密度布线层，通过激光盲孔、埋孔和叠孔，超小节距金属化，从而实现一个裸芯片或多颗芯片、器件的极高布线密度的再次布线组合。倒装焊技术让封装可以在传统表面贴装封装尺寸内支持数千个连接。行业内领先的封装公司就可以做到在封装面积 15mm×15mm～45mm×45mm 内，使焊球数量达到 119～1520 个。除此以外，倒装焊、BGA 封装还是游戏系统处理器及显卡、尖端便携式器件、高端应用处理器的首选封装解决方案。

最后提一下 BGA 封装的技术难点，主要有凸点的制作、材料间热失配处理、多层基板制作和定制专用机台设备等。

晶圆级芯片规模封装

传统的封装是将完成晶圆电路制造后的整个大圆片切割成若干方形的裸芯片后，再逐一进行键合封装。响应于电子产品短小轻薄的封装需求，晶圆级芯片规模封装（Wafer Level-Chip Scale Package，WL-CSP）应运而生，在晶圆电路制造后，紧接着进行键合加工，完成主要的封装前道步骤，之后再用激光切割成一个个芯片，最后通过或不通过转接板固定到电路板上，完成封装全过程。1998 年，FCT 就开发出了 UltraCSP 晶圆级芯片规模封装并获得专利，该封装迅速成为 WL-CSP 的行业标准，并被主流的多数封测企业沿用至今。

完整的 WL-CSP 工艺流程主要包括：①检查与清洁，②PBO 或 PI 1，③光刻胶加工，④RDL 溅镀沉积，⑤铜 RDL 电镀，⑥光刻胶与籽晶金属去除，⑦PBO 或 PI 2，⑧UBM 溅镀沉积，⑨铜或镍基 UBM（Under Bump Metallurgy），⑩光刻胶加工，⑪光刻胶与籽晶金属去除，⑫植球。其中，晶圆 RDL 图形和凸块（植球或电镀）以及各步骤中的自动光学检查（AOI）等环节对良率影响较大。

WL-CSP 可以分为两种结构类型：BOP（Bump On Pad）和重布线层（RDL），结果都是把信号从芯片内部转移到芯片表面的凸点或焊球上，以便未来进一步与基板或电路板进行电互连。我们通过各种可用的凸点选项（铜柱、无铅焊料、共晶），在面阵中采用倒装焊技术，同时取代外围凸点布局中的标准焊线互连。倒装焊技术也是 WL-CSP 的底层技术。

最早的 WL-CSP 是扇入型（Fan-In）的，凸点全部在裸芯片上，而裸芯片和焊点的连接主要就是靠重新布线的金属线，封装后的芯片几乎和裸芯片面积接近。另一种扇出型（Fan-out）则是可以将凸点设计在裸芯片外面，封装后的芯片比裸芯片的面积大 20%左右。

多芯片封装，让芯片住上套房和楼房

后摩尔时代，芯片技术除了在制造环节“百尺竿头更进一步”外，通过封装技术作为延续摩尔定律的一个技术手段，正在成为“所封即所得”的事实。它本质上改变了将一个晶粒裸芯片封装为一个芯片的传统，通过多芯片先进封装，实现了在一个封装体内容纳更多的晶体管和功能。早在 2006 年中国半导体行业协会加入世界半导体理事会（WSC）时，WSC 成员已经签署了一个多芯片封装（Multi-Chip Package，MCP）协议。后来，随着技术的不断发展，MCP 逐步演进为多元件集成电路（Multi-Component IC，MCO）。现在热门的芯粒

（Chiplet）技术实际上就是MCO。

平面多芯片封装

通过转接板或基板等板级封装，实现2个及以上芯片间的平面连接，让芯片们住上“套房”。这些芯片可以是采用不同制程工艺的SoC、存储器、处理器等，也可以包含一些元器件。今天名噪一时的芯粒（Chiplet），即“小芯片”或“芯片粒”，就是通过把不同芯片的功能模块化，利用新的设计和新的互连、封装技术，在一个封装的产品中使用来自不同技术、不同制程甚至不同工厂的芯片。

立体多芯片封装

采用PoP、Flip Chip、硅通孔等工艺，通过层叠封装、晶圆上的芯片（Chip On Wafer）和晶圆上的晶圆芯片（Wafer On Wafer）等先进封装，实现2个及以上芯片间的上下立体连接，让芯片们住上“楼房”。在一种使用Xtacking技术的3D NAND闪存中，就是通过金属互连通道进行两片晶圆的键合，在指甲盖大小的面积上实现数十亿根金属通道的连接，把电路晶圆和NAND存储阵列晶圆合并为牢固的存储器单元整体，并且拥有与在同一片晶圆上加工无异的可靠性表现。

多芯片封装听起来简单，但其实现非常具有技术挑战性。由于处理器、存储器等高性能器件的多芯片封装互连，增加了信号传输距离、I/O接口数量和性能损耗，因此要保持芯片间极高传输速率下的性能稳定非常关键，考虑因素包括以千兆位或兆兆位每秒（Gbps或Tbps）衡量的数据吞吐量或带宽、以每比特皮焦耳（pJ/bit）衡量的能源效率、以纳秒（ns）衡量的延迟、以毫米（mm）衡量的最大链路范围，以及误码率（无单位）等。

“零缺陷”的汽车芯片封装

汽车电子封测，成就汽车“走遍天下都不怕”。

零缺陷。对，汽车电子的要求就是零缺陷（Zero Defect）。

世界上第一辆汽车是德国人卡尔 · 本茨于 1885 年 10 月研制成功的，而集成电路芯片的发明则比汽车晚了整整 73 年。汽车电子提升了汽车的操控性、安全性和舒适性。

与消费电子相比，安全气囊、发动机控制、ABS 自动辅助刹车、卫星导航等功能，时时刻刻都关乎着汽车驾驶员和乘客的生命安全。汽车上的芯片往往要经历十年以上的使用周期，需要经受冰天雪地、烈日酷暑、风吹雨打和运行中几乎无休无止的震动、电磁干扰等严峻环境考验。汽车芯片的封装则是保护脆弱芯片功能有效的最可靠铠甲。收音机算得上半导体在汽车上的最早应用，而时至今日，一辆高档智能电动汽车上所用的芯片已经能达到数千颗，这相当于消耗了一张 8 英寸（1 英寸=2.54 cm）的晶圆。

汽车上的芯片主要有功率芯片、微控制器芯片和复杂的主控处理器芯片。它们都需要经过严格的封测，达到 IATF 16949、AEC-Q100 等车规级标准认证后才能安装上车。不同功能的汽车芯片采用不同的封装形式。

倒装芯片级封装（FC-CSP）和扇出型晶圆级封装（FOWLP）实现毫米波雷达和 MMIC 及信号处理模块的集成。

ADAS 处理器，如视觉、雷达和 LIDAR 等，采用先进的倒装芯片级封装（FC-CSP）和倒装芯片 BGA（FCBGA）。

微控制器、电源管理 IC 和保护设备使用引线框架封装、线焊 BGA

（WBBGA），功率离散封装适用于任务关键型 ADAS 应用。

球栅阵列（BGA）/平面栅格阵列（LGA）和模塑空腔 BGA/LGA 标准化封装适用于发射器、检测器等激光雷达和光学模块，以及 MEMS 传感器。

引线框架封装和线焊 BGA 主要被用于传统的 CAN、CAN FD、LIN 和新兴的以太网解决方案。

增强了散热功能的封装，用于应对 IGBT 等大功率芯片。

随着汽车芯片复杂性的不断增加，封装的复杂性也随之增加。自动驾驶提出将 50 Gbps 作为以太网标准，这对芯片和芯片封装设计都是前所未有的挑战。零缺陷管理要求对汽车电子封测代工提出了很高要求，这也使得该领域市场份额高度集聚，国际排名前二的日月光公司和安靠公司各自惊人地占据了全球市场份额的 56%和 25%。

芯片测试：说你行，你就行

芯片生产制造是否达到设定的性能要求，是否可以交付客户信赖的芯片，都需要通过充分测试来验证。按测试的节点，集成电路芯片测试包含 4 个要素：测试设备、测试接口、测试程序和数据分析，包括设计验证测试、工艺监控测试、晶圆片测试（中测）、产品测试（成测）、可靠性保障测试和用户测试等。本节重点介绍中测和成测中的晶圆测试（Wafer test）、裸芯片测试（Chip test）和封装测试（Package test）。

晶圆测试是晶圆从晶圆厂生产出来后，在切割、减薄之前进行的测试。目的是检测整个晶圆片整体制造的良率。因为一个晶圆上常常有几百个到几千个甚至上万个芯片，测试时将晶圆放在探针台上，用探针探到芯片中事先确定的测试点，探针可以通过测试程序产生的直流电流和交流信号对其进行各种电气参数测试。

裸芯片测试是在晶圆经过切割、减薄工序，成为一片片独立的芯粒/裸芯片之后进行的测试。同样用探针探到芯片中事先确定的测试点，通过测试程序产生的直流电流和交流信号对其进行各种电气参数测试，甄别出单颗芯片的实际性能，进行等级分类并识别失效芯片后剔除。

封装测试是在芯片封装成成品之后进行的测试。由于芯片已经封装，需要对管脚连线施加测试激励，检测反馈信号。封装测试无法使用探针测试芯片内部，因此其测试范围受到限制，有很多指标无法在这一环节进行测试。但封装测试是最终产品的测试，这一项测试合格即可成为最终合格产品。

芯片的测试是一个相当复杂的系统工程，在开始芯片测试流程之前应先充分了解芯片的工作原理和设计实现，根据通道密度、引脚数量等，选择合适的测试板卡、机台和测试用例、程序，从而开发完整的测试软件和硬件解决方案，力求实现信号完整性、测试覆盖率、测试效率和成本等要素之间的最优平衡。芯片设计工程师必须在设计初期就采用可测试性设计方法做出测试规划和安排，进行通盘一体化考虑。现如今的芯片是如此复杂，高端芯片测试环节所占成本常常达到芯片总成本的 1/4 到 1/2。所以对合格芯片“说你行，你就行”，就是立足于对芯片测试结果的充分信任。

JEDEC 是什么？国际封装标准

工业化的精髓在于标准化，半导体作为电子工业的一部分自然也是如此。

标准或技术规范确定后，制造者和使用者可以根据标准进行设计、生产，并专注于创新，而不是从头开始发明一切。拥有标准或统一的技术规范，可以减少客户在购买芯片产品时产生误解和不确定性的情况，并鼓励产品的互换性，从而为买家提供更多种类的选择。这使得大家聚焦于创新的竞争更加激烈，最终的结果是培育一个比专有产品市场大得多的消费市场，封装形式是芯片呈现给使用者的最终形态，因此芯片的很多标准在芯片封装上得以体现，比如芯片的引脚定义和形状、可靠性等。

1958 年成立的固态技术协会（Joint Electron Device Engineering Council，JEDEC），由 50 个委员会和小组委员会组成，是国际上微电子产业的领导标准机构。大半个世纪以来，JEDEC 所制定的固态器件（半导体）开发测试方法和产品标准被全球电子行业所采纳，获得通行，并被证明对半导体行业的发展起到了重要作用，JEDEC 也成为了半导体行业的技术代言人。JEDEC 的主要职能包括术语、定义、产品特征描述与操作、测试方法、生产支持功能、产品质量与可靠性、机械外形、固态存储器、DRAM、闪存卡和射频识别（RFID）标签等的确定与标准化。

JEDEC 的 JC-11 委员会负责分离电路、单片电路、多片电路和混合电路等微电子封装与组件的标准类型与注册类型的机械外形等工作。JC-13 委员会负责用于防务、航空和其他环境下需要高于商用标准的特殊用途条件功能的固态产品的质量与可靠性实现方法标准化，其中包括长期可靠性与特殊筛选要求。JC-14 委员会负责电脑、汽车、通信设备等领域商用固态产品的质量与可靠性技术的标准化。JC-15 委员会的业务范围包括半导体封装热特征描述技术的标准化，电子封装、部件和半导体器件材料的测试与建模。JC-16 委员会的业务范围包括为数字集成电路制定供电电压规范和为系统内的各部件定义电气接口。JC-63 委员会的任务是定义或建议混合技术多芯片封装标准，以解决商用芯片间设计与制造的特有电气、机械、测试与架构等问题。对于分立器件、逻辑电路、存储器、RFID 等芯片产品，JEDEC 均有相应的委员会处理注册格式的确定、测试方法与程序的标准化以及上述产品的产业协调等具体业务。

JEDEC 标准是持续改进的，如 2020 年 7 月推出的 JESD79-5 DDR5 SDRAM 标准，一年后它的更新版本 JESD79-5A 更是将 DDR5 的时序定义和传输速度扩展到 6400 MT/s（DRAM 核心时序）和 5600 MT/s（IO AC 时序），而且更好地照顾了系统可靠性的改善需求。一家芯片公司参加标准委员会，表明了其对半导体行业领导地位的“野心”，参与编制、定义标准，而不是等待标准。JEDEC 拥有近 300 家会员公司，包括业内排名前 100 的几乎所有公司。截至 2021 年，JEDEC 中有中国公司 47 家，占到总数的 14.7%，这也是中国企业成为世界级企业的必由之路。

已经坐在牌桌上的中国封测业

中国的芯片封测业的市场份额占全球总量的 65%，一定程度上也左右着产业链的下游。2021 年，全球委外封测（OSAT）企业排名前十的企业中，中国企业占据了八席。中国的长电科技、通富微电、华天科技分居第三名、第五名和第六名，开始坐到了世界芯片封测比赛的牌桌上。改革开放以来，中国（不含台湾地区）封测业的成长历程称得上非常励志，是一部中国成功参与全球半导体分工的创业史。

长电科技的源头是 1972 年成立的江阴晶体管厂，1989 年投产了集成电路自动化生产线，2000 年改制成立长电科技，2003 年上市。长电科技 2015 年收购美国封测大厂星科金朋。2021 年，长电科技实现营收 305 亿元。长电科技在全球拥有六大集成电路成品生产基地和两大研发中心；在 20 多个国家或地区设有业务机构；拥有 3000 多项专利，近 6000 名工程师和 23000 多名员工。

通富微电成立于 1997 年 10 月，2007 年上市。2021 年实现营收 158 亿元。通富微电是 1997 年与日本富士通合资成立的中资控股企业，2016 年收购 AMD 苏州和槟城工厂 85%的股权，2018 年日本富士通退出其所持股权。通富微电专业从事集成电路封装测试，总部位于江苏南通，拥有崇川总部工厂、南通通富微电子有限公司（南通通富）、合肥通富微电子有限公司（合肥通富）、厦门通富微电子有限公司（厦门通富）、苏州通富超威半导体有限公司（TF-AMD 苏州）和 TF AMD Microelectronics（Penang）Sdn. Bhd.（TF-AMD 槟城）6 大生产基地。通过自身发展与并购，通富微电已成为本土半导体跨国集团公司和中国集成电路封测行业的领军企业，集团员工总数超 1.5 万人。

华天科技成立于 2003 年，2007 年上市。2021 年营业收入为 121 亿元。2014 年底，华天科技公告以 4060 万美元收购美国 FlipChip International，后者是世界上两大拥有 Bumping 芯片封装技术专利的企业之一。华天科技主营业务包括半导体集成电路、半导体元器件的封装测试等。作为全球半导体封测知名企业，华天科技为客户提供封装设计、封装仿真、引线框架封装、基板封装、晶圆级封装、晶圆测试及功能测试、物流配送等一站式服务。凭借先进的技术能力、系统级生产和严格的质量把控，已成为半导体封测业务知名品牌。

以上 3 家公司是中国数百家封测企业中的佼佼者，中国封测企业几十年来从小舢板到航空母舰，一步步自我积累、自我提升，通过与国内外芯片客户的品质磨合和合资并购加速发展，最终在行业内达到技术能力和经营能力的国际一流水准。

第10章 SoC 大一统时代与产业的明天

是的，片上系统（System on Chip）已经问世20年了。IP也由新技术转变成了通用技术，基于IP的SoC开发已经遍地开花。基于IP的SoC，或者演进版的系统级封装（System in Package，SiP），又或者芯粒（Chiplet），实质都是系统思维的技术路径再突破。集成电路设计、微电子制造作为双轮，仍将推动半导体进步，协同软件把系统送上更高的轨道。美国最高科技奖项获得者胡正明说，“集成电路技术的发展远没有终止，微电子还可以再做100年。”所以今天中国集成电路产业还在春天，即使有几丝“倒春寒”。

像搭积木一样设计 SoC 芯片

所谓硅知识产权（Silicon IP）模块，是指具有知识产权的功能模块，包括软IP、固化IP和硬IP三种类型。万般芯片知识，最终皆可表达为IP。随着系统不断升级和SoC复杂程度的提高，IP已成为SoC设计的底座基础，给IP的开发带来巨大的商机。自身IP积累管理和最新IP获取能力，已经反映在芯片公司间的竞争力和差异化上。比如，谁最快得到新一代的处理器IP架构或硬核，谁的下一代产品上市就具有时间优势。

传统芯片设计需要设计者自行开发各个功能模块，自底向上地完成各种定制式集成电路设计和验证，开发周期长，设计成本高，一次性研制成功的概率低。而使用 SoC 技术的芯片开发工作，所面对的是一个巨大的 IP 库，芯片设计工作是以 IP 内核模块（简称 IP 核）为基础展开的。而这些 IP 核基于特定的标准开发，并且按照统一的形式完成数据交付，极大降低芯片设计难度，提高设计成功率，缩短产品开发周期。开发者利用第三方设计交付的 IP 核为基础，集成搭建自己的功能产品，仅需要更多专注于系统顶层设计和 IP 核之间的接口通信协议，无须在低层模块的功能和时序设计上重复投入精力。由此可见，基于 IP 的 SoC 芯片由设计者自主设计的电路部分和多个外部获取的第三方 IP 核连接构成，高质量的 IP 核是 SoC 应用普及的基础。基于 IP 的 SoC 芯片结构如图 10-1 所示。

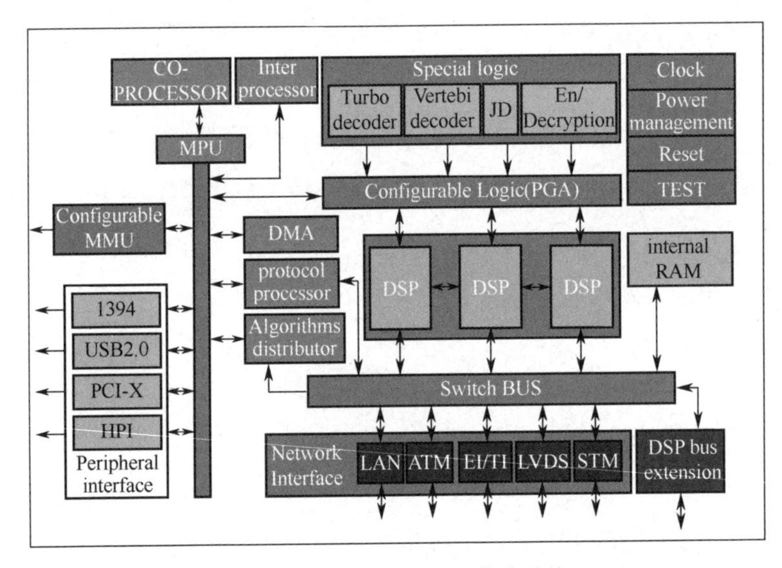

图 10-1　基于 IP 的 SoC 芯片结构

利用 IP 核搭建复杂芯片，与用芯片搭建完整的系统电路板类似。“盖房无须自己烧砖”，如果以上介绍显得太过专业，还可以用拼图来打比方，可以把图 10-1 中的芯片形象地理解成图 10-2 中的拼图。芯片中外购的不同功能的 IP

核用不同的图块表示，自主设计的电路部分用特殊标注的图块表示，复杂芯片的设计过程就像要拼好这幅图一样。相同的是，用现有的图块（IP 核）拼接美丽图画（复杂芯片）；不同的是，拼图只要考虑图块的形状，而芯片设计要考量 IP 核的许多参数和指标，并要把各个 IP 核和自主设计部分正确连接，保证整个芯片的功能和性能正确无误。

我们以比较常见的手机芯片为例，它所使用的芯片是一种典型的SoC产品，里面包括了各种 IP 核。比如负责数据处理的中央处理器（CPU），与基站通信的基带模块（BaseBand），蓝牙模块（Bluetooth），图像处理模块（GPU），无线网络模块（Wi-Fi），导航模块（GPS），存储单元（SRAM）和外围接口（USB）等。当今业界所有的手机芯片供应商，不管是高通、展锐还是联发科，都会不约而同地选择购买使用第三方公司的 IP 核来开发自己的产品，比如使用 Foundry 的单元库 IP、ARM 的 CPU、Sysnopsys 的 USB，三星的 eFuse、Imagination 的 GPU……调用 IP 核能避免重复劳动，大大减轻工程师的负担，因此使用 IP 核是一个发展趋势，IP 核的重用大大缩短了产品上市时间。

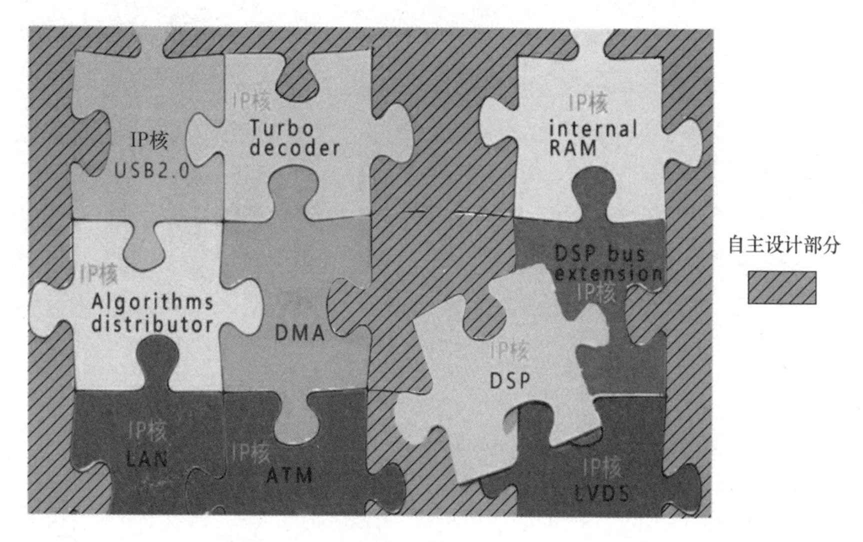

图 10-2　用拼图的方式类比 IP 核搭建

“积木”千万种：硅知识产权 IP 核的定义与分类

在技术范畴上，硅知识产权 IP 核（Intellectual Property core，IP core）是指集成电路设计中预先设计、验证好的功能模块，包括逻辑、电路或版图单元。全球大概有 400 家 IP 供应商，提供超过 36000 种 IP 核。由于性能好、功耗低、技术密集度高、知识产权集中、商业价值高，IP 核是集成电路设计产业的关键产业要素和竞争力体现。最高端的架构级处理器 IP 核的授权费都要上千万美元。3 nm、5 nm、7 nm 制程要集成的各种 IP 核一般占到研发费用的 1/3 左右，其中 DDR、Ethernet、PCIe 等常用的 IP 核授权费都是百万美元量级的，整个 SoC 设计研发费过亿元已经是起点，不同制程节点下的芯片所集成的硬件 IP 数量（平均值）如图 10-3 所示。

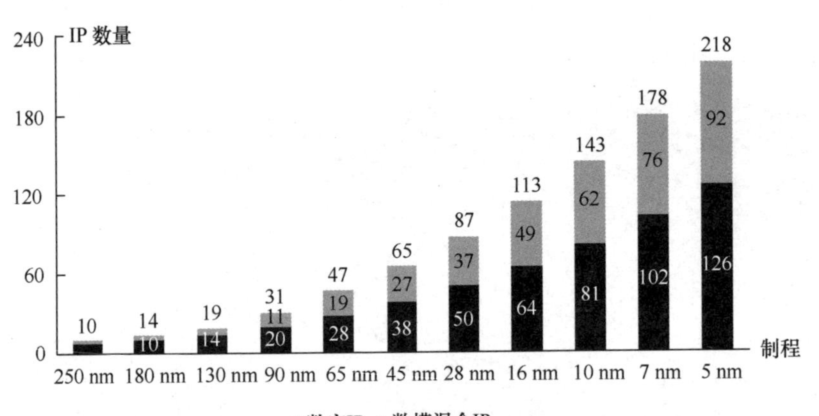

图 10-3　不同制程节点下的芯片所集成的硬件 IP 数量（平均值）

数据来源：IBS《Design Activities and Implications》。

IP 的概念在 IC 设计中已经使用了近 30 年，版图库、符号库、电路逻辑库等标准单元库就是 IP 的早期雏形之一。标准单元库中包含了组合逻辑、时序逻辑、功能单元和特殊类型单元，运用预先设计好的优化的库单元进行自动逻辑综合和版图布局布线，提高了集成电路芯片后端的设计效率，加快了产品进入市场的时间。现如今，基于 IP 复用的 SoC 设计平台几乎被所有主流集成电路设计公司所采用。在实际应用中，IP 实际包括了以下内涵：IP 必须是为了易于重用而按一定标准专门设计的，IP 是设计优化过的，IP 符合工业界接口协议，强调的是 IP 代码的可读性、应用开放性、工艺适用性、调试可测性、端口规范性和数据保密性。

IP 的设计有别于 IC 设计。IP 的使用对象是第三方设计公司，要想使 IP 在第三方的 SoC 系统上运行起来，需要建立与之相配套的环境，包括文档的规范、评估环境及验证手段等。尤其是那些可配置的、大的 IP 尤为如此。对于商品化的 IP 核，尤其应配备良好的开发文档和参考手册，包括数据手册、用户使用指南、仿真和重用模型等，从而满足未来的 SoC 集成。为了解决 IP 适用性问题，国际上曾出现过 VSIA、SPIRIT、OCP-IP 等 IP 标准化组织和 D&R、VCX、SSIPEX 等 IP 交易机构。

IP 所有方可以自用或许可给他人。从这个意义上讲，硅知识产权这个词由设计行业已存在的专利和/或原代码版权（许可模式）派生而来。Gartner 根据功能将集成电路设计常用的 IP 分为处理器 IP（如 CPU、SP）、物理 IP（如 PHY、SRAM、DRAM、Flash、I/O、GPS）、其他数字 IP（如 CODEC、Embedded PLD）、无线接口 IP（如 BT、WLAN）、有线接口 IP（如 USB、DDR、PCI、HDMI、MIPI、SATA、Ethernet）以及模拟和混合信号 IP（如 AD、DA、AFE、PLL、PM、RF）等。随着人工智能的兴起，算法 IP 正在成为新的活跃的 IP 种类，例如手势识别算法、语义识别算法、表情识别算法、全景音频算法、飞控算法和稳像算法等。这些算法在终端上逐步被集成至大的 IP 或芯片，形成智能芯片。晶圆制造的工艺制程也可以是一种 IP，称为工艺 IP。

IP 之巅：处理器 IP 核

随着超大规模集成电路设计、制造技术的发展，以 IP 核复用、软硬件协同设计和超深亚微米/纳米级设计为技术支撑的 SoC（System on Chip）依旧是当今超大规模集成电路的重要发展方向。既然 SoC 是一个片上系统，就要有人统领全局、发号施令，这依旧是处理器的职责，不过在这里叫作处理器 IP 核。处理器 IP 核包括了架构、微体系结构和物理实现三个层级。处理器架构定义了操作系统和虚拟机监控程序所依赖的基本指令集、异常和内存模型。处理器微体系结构通过定义处理器的设计并涵盖以下内容，来确定物理实现如何满足微体系结构协议：功率、性能、面积、管道长度和缓存级别。从销售额看，处理器 IP 核占据了第三方 IP 销售四成以上的份额。处理器 IP 核位居“中军主帐”，通过总线协议调令存储、接口、模拟等各个 IP 核各司其职。以处理器 IP 核的巨头 ARM 为例，在过去 30 年里已经有 2150 亿颗 SoC 芯片中使用了 ARM 的处理器 IP 核。ARM 处理器及其 IP 核的进阶图如图 10-4 所示。

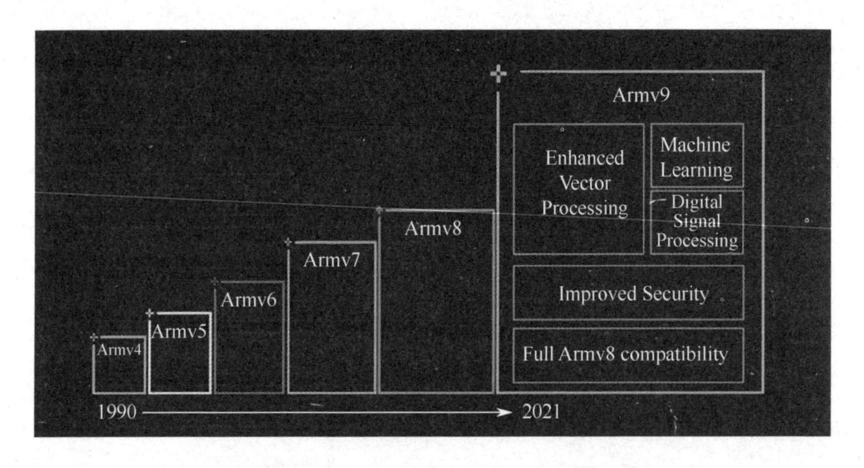

图 10-4　ARM 处理器及其 IP 核的进阶图

在设计新一代 SoC 时，基于市场客户需求，设计有独特卖点的产品，准确进行芯片产品定义，无疑是成败的关键。因此如何设计出具有差异化的芯片，对开发者的设计工作提出了挑战。性能、功耗、面积（PPA）和良率等关键指标，永远是设计的刚性约束。合理进行芯片的软硬件功能划分，根据性能优先、实时性优先、功耗优先等不同参数考量，选择最合适的处理器作为芯片“大脑”，是一个很好的切入点。处理器相当于汽车发动机，选择 4 缸、6 缸、8 缸还是 12 缸基本上决定了汽车是跑得快，还是更节能。

处理器的架构，上承操作系统和应用程序，下接计算单元电路。处理器 IP 核的成败首先取决于编程的难易程度，它向上对应着一个强大的软件开发生态系统。处理器架构没有最好，只有相对好，是否有合适的编译器、开发工具，是否支持 Linux、Android、Windows 等主流、最新版本的操作系统，这些是决定处理器架构生存的方向性问题。处理器的微体系结构、物理实现则决定了处理器的性能竞争力。基于多种制造工艺和多个芯片产品对 IP 核进行反复验证，则是处理器由“文档级”转变到“白金级”的保障。

人工智能的算力：从 CPU、GPU 到 DPU

2016 年 3 月，谷歌（Google）旗下 DeepMind 公司的戴维、西尔弗、黄艾佳及其团队开发的人工智能机器人阿尔法狗（AlphaGo），在围棋人机大战中以 4 比 1 的总比分，战胜围棋世界冠军、职业九段棋手李世石，从此点燃了人工智能的新世纪之火。人工智能（Artificial Intelligence，AI）是计算机科学的一个分支，它期望了解智能的实质，并生产出一种新的、能以人类智能相似的方式做出反应的智能机器，该领域的研究方向包括机器人、语言识别、图像识别、自然语言处理和专家系统等，形成了许多理论和算法，并普遍达成了共识：“人工智能=算法＋算力＋数据”。

通俗地理解人工智能的算力，就是面向人工智能特定算法和数据结构的高性耗比加速芯片。训练（Training）和推理（Inference）是人工智能的实现的两大步骤，对应的是训练 AI 芯片和推理 AI 芯片。训练是指通过大数据训练出一个高效神经网络模型，通过“喂”大量的标记数据，来训练系统的“类人”识别判断能力，具有一定的领域通用性。推理是指利用训练好的模型，使用新数据推断、推理，预测出各种结论。也就是说训练芯片用于构建神经网络模型，注重强大的计算能力，而推理芯片利用前面的模型进行推理预测，注重单位能耗算力、时延、成本等综合指标。

中央处理器（Central Processing Unit，CPU）与操作系统是整个 IT 生态的定义者。服务器端的 x86 架构和移动端的 ARM 架构，一统通用计算的技术生态圈、价值链。CPU 是个“十项全能运动员”，但单项成绩未必优秀。业界有个幽默的“安迪—比尔定律”，其内容是“What Andy gives，Bill takes away”，意为处理器硬件提高的性能很快就被五花八门的软件应用所占用。安迪是指英特尔前任 CEO 安迪 •格鲁夫（Andy Grove），比尔是指微软前任 CEO 比尔 •盖茨（Bill Gates）。因此，人们又给 CPU 配备了“左膀右臂”，例如，专门处理数字信号的 DSP，处理图形计算的 GPU。CPU 用于 AI 训练和推理的密集计算显得有点门不对路，但它仍可以用于 AI 顶层的任务调度、管理等。

图形处理器（Graphics Processing Unit，GPU）是执行规则计算的主力芯片，起初主要用于图形渲染。人工智能需要大量的神经网络计算单元，而 GPU 处理这类矩阵运算熟门熟路。现在经过朝向通用 GPU（GPGPU）方向的努力和编程框架的推广，GPU 成为高性能计算中最重要的辅助计算单元，特别是在训练芯片中，GPU 显著提升了图形图像、深度学习、矩阵运算等应用中数据并行任务的运算性能。

人工智能中 GPT-3 等千亿级参数的超大模型的出现，将算力需求推向了一个新的高度。同时，以 5G、千兆光纤网络等为支撑的新时期移动互联网、工业互联网、车联网等领域的快速发展，使云计算、数据中心、智算中心等基础设施整体升迁扩容。具备网络能力，并同时融入通用计算能力的 DPU，从早期数据服务器中处理网络、存储、虚拟化卸载的小角色，一跃成为以数据为中心构造的专用处理器，成为 CPU、GPU 之后的第三极。CPU、GPU、DPU 等不同处理器的特征结构如图 10-5 所示。

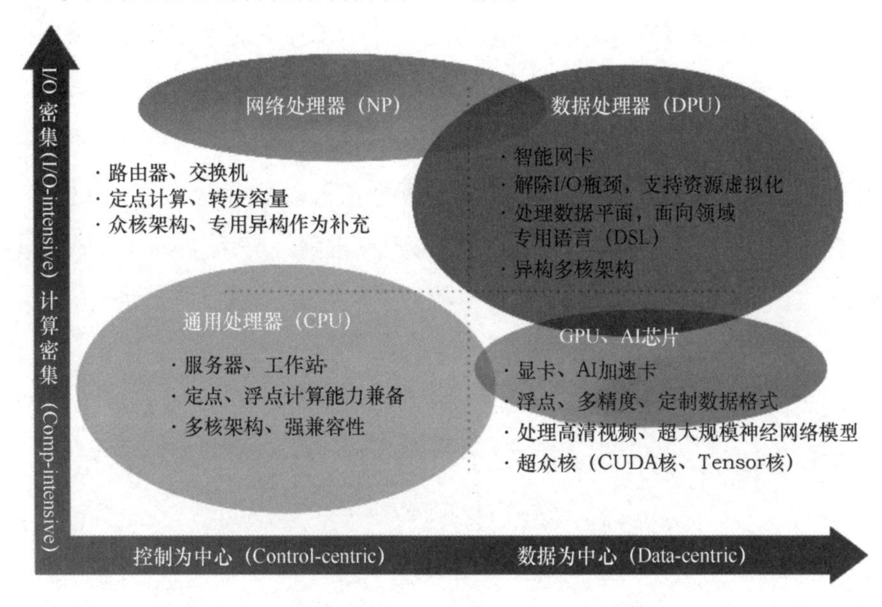

图 10-5 CPU、GPU、DPU 等不同处理器的特征结构

集成电路的另一个增长极：汽车

图 10-6 是一张在售汽车的产品参数页面。电动化、智能化、互联化成为这辆汽车的卖点：汽车座舱大屏、辅助自动驾驶、超长电池续航、动态车灯照明。

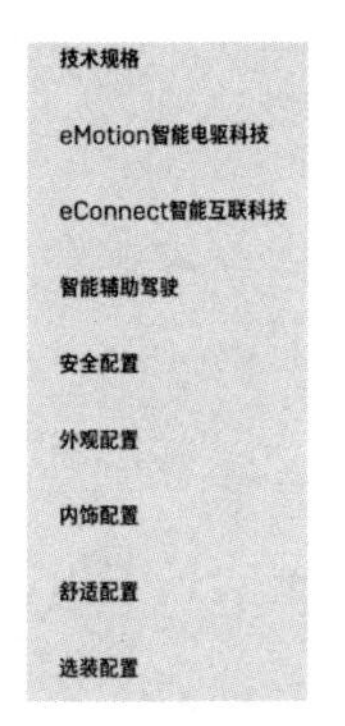

图 10-6　某汽车产品参数页面

汽车成了影院、办公室、直播间……充满科技感的现代化汽车仿佛成了一项新的发明，让人们忘记汽车的诞生距今已有近150年。这背后都靠着一颗颗芯片，协同软件一起为我们实现梦想。

汽车芯片成百上千，主要可分为3类：一是“眼睛”——传感器芯片，包括激光雷达的射频芯片，行驶记录仪中的图像芯片，惯性传感器中的加速计、陀螺仪芯片等。二是“大脑”——处理器，包括传统的车身、动力等域控制MCU和智能座舱、自动驾驶等实现功能、承担核心处理运算任务的主控SoC。最后一类是“肌肉”——功率半导体，主要是IGBT、MOSFET和电源管理芯片，为汽车动力转换、管理提供支持。汽车电子有前装或后装之分，但车规级芯片通常都要通过认证。例如AEC-Q系列认证，它是公认的车载元器件的通用测试标准，符合其标准要求是衡量车载元器件可靠性的重要判断准则。ASIL（Automotive Safety Integrity Level）等级的定义是为了对车载元器件失效后带来的风险进行评估和量化以达到安全目标，如图10-7所示。2021年，《汽车驾驶自动化分级》（GB/T 40429-2021）出台，规定了汽车驾驶自动化分级遵循的原则、分级要素、各级别定义和技术要求框架，如图10-8所示。

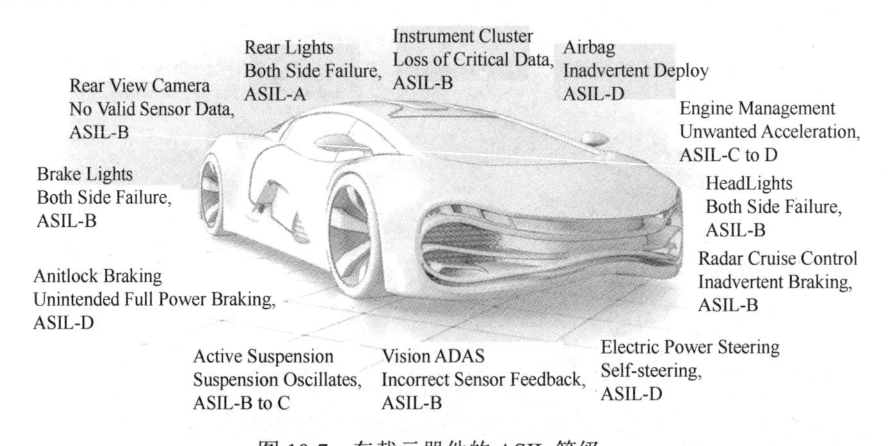

图 10-7　车载元器件的 ASIL 等级

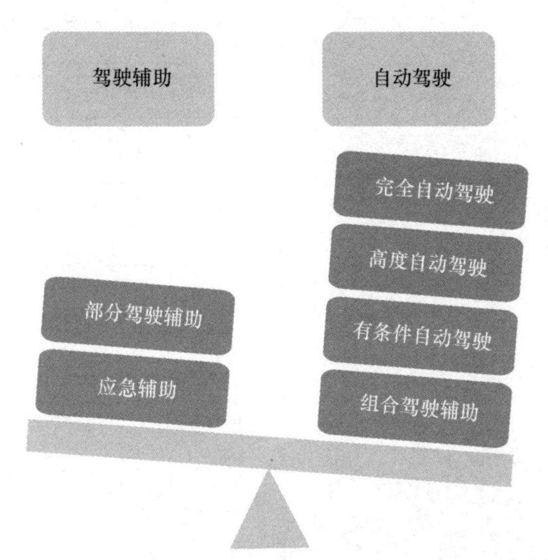

图 10-8　汽车驾驶自动化分级：驾驶辅助和自动驾驶

主控芯片是自动驾驶的核心，对传感器收集来的海量数据，运用人工智能算法和高算力去实现驾驶自动化。主控芯片逐步成为现代化汽车公司的终极竞争力。智能网络汽车在研发阶段需要迭代测试，一辆测试车每天产生的数据量可达 10 TB，1000 辆测试车一年就是约 11 EB 的数据。而 2016 年全球每天的互联网数据传输量一共是 3 EB。自动驾驶算法需要在性能强大的车载计算平台上进行数据采集和处理。目前国际上主要有三种方案（英伟达芯片方案、特斯拉芯片方案和 Intel/Mobileye 芯片方案），如图 10-9～图 10-11 所示。这些方案的核心依然是高效配置处理器架构实现。

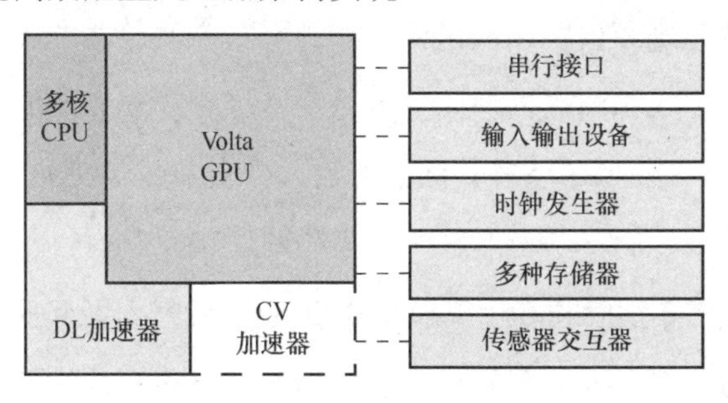

图 10-9　英伟达芯片方案

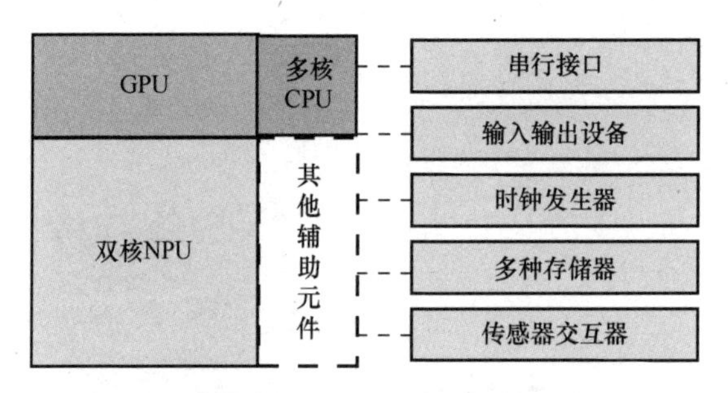

图 10-10　特斯拉芯片方案

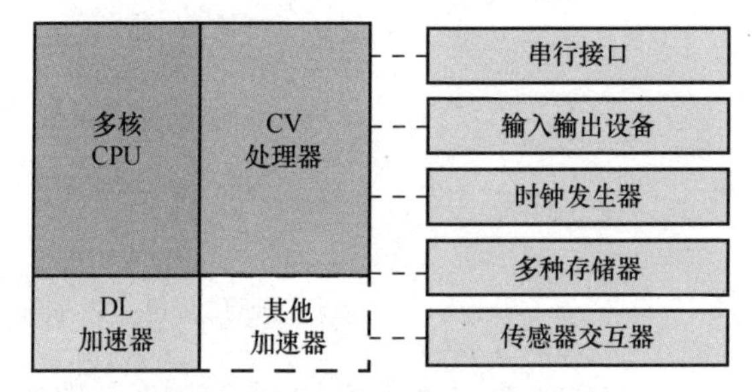

图 10-11　Intel/Mobileye 芯片方案

资本的力量：集成电路投资的盛宴

中国集成电路产业，是在国际集成电路（芯片）产业激烈竞争和国内整机市场迫切需求等多重因素下发展起来的，这中间对产业规律的认识充满了艰辛险阻，尤其是对产业经济规律的认识。“Real Men Have Fabs”的豪言，无疑是芯片产业理想者充满激情的呐喊，但是回到现实中就是两个字：资金。在新一轮扩产投资计划中，德州仪器将在美国德州谢尔曼（Sherman）投资 300 亿美元新建 4 座晶圆厂、英特尔将在美国俄亥俄州投资 200 亿美元新建 2 座晶圆厂、三星将在美国投资 2000 亿美元新建 11 座晶圆厂、台积电将投资 1000 亿美元新建 5 座晶圆厂，中芯国际将在上海临港投资 88.7 亿美元新建晶圆厂，无一不是“钱途无量”。而 5G 芯片、数据中心服务器芯片等芯片的设计平台，投入都是几十甚至上百亿美元。

芯片产业中的产品定义、芯片研发、生产制造、服务支持等每个环节都是“吞金兽”。考虑到早期历史局限性，我国在 20 世纪 80、90 年代以国家财政投资为主按计划立项，21 世纪前 15 年则处于依靠科研项目拨款、企业自筹加少量社会资本的阶段。这在当时已经是最大努力的对芯片项目、企业的投资力度了，而在今天看来其实可以步子迈得更大、目标更长远一点。

过去十年间，我国在集成电路经济规律探索方面取得了历史性的进步。国家集成电路产业投资基金（简称国家大基金）、社会资本和科创板募资，犹如贵如油的“春雨”，给了科技重大专项承担单位和优质的集成电路企业空前充足的资金和回报期容忍度。2014 年成立的大基金一期总募资 1387.2 亿元，二期募资 2041.5 亿元。科创板设立并试点注册制，三年来共计 439 家公司上市，总市值 6.06 万亿元。其中半导体企业占到上市公司总数的近 1/6，部分在科创板上市的集成电路企业信息参见图 10-12。在中微公司、中芯国际等科创板上市企业背后，都有国家大基金、上海科创集团等国资身影。硬科技投资时间长、风险大，“国家队”的长期投资培育重要且可贵。上海“科创系”投资半导体项目 188 家，形成了从上游的设备、EDA 和 IP、半导体材料，中游的设计、生产制造，到下游封装测试的全产业链、全生命周期的完整产业布局。而华登、红杉等国际半导体和高科技投资公司，同样收获满满。科创板还提供了资金退出渠道，让资金可以实现循环利用。

投早、投小、投长、投新、投硬的新投资理念，无疑在很大程度让我国集成电路企业融资发展无后顾之忧。硬核科创企业借力资本市场，将更快实现创新链、产业链、人才链、政策链和资金链的深度融合。借助上市公司的综合优势，企业在产品开发、市场拓展、产业链协同和投融资方面都更容易取得长足进步，更高层面参与国际竞争。

证券代码	证券简称	首次解禁数量（亿股）	限售解禁规模（亿元）	首次解禁占比	首次解禁日期	解禁股份性质
688385.SH	复旦微电	2.24	123.21	34.45	2022-08-04	首发原股东限售股份,首发战略配售股份
688728.SH	格科微	5.82	120.28	23.30	2022-08-18	首发原股东限售股份,首发战略配售股份
688798.SH	艾为电子	0.62	91.38	37.20	2022-08-16	首发原股东限售股份,首发战略配售股份
688107.SH	安路科技-U	1.46	85.96	36.43	2022-11-11	首发原股东限售股份,首发战略配售股份
688711.SH	宏微科技	0.81	55.22	58.91	2022-09-01	首发原股东限售股份,首发战略配售股份
688082.SH	盛美上海	0.37	34.36	8.65	2022-11-18	首发原股东限售股份,首发战略配售股份
688601.SH	力芯微	0.20	27.37	30.63	2022-06-28	首发原股东限售股份,首发战略配售股份
688766.SH	普冉股份	0.16	26.45	31.80	2022-08-23	首发原股东限售股份,首发战略配售股份
688049.SH	炬芯科技	0.63	22.69	51.23	2022-11-29	首发原股东限售股份,首发战略配售股份
688216.SH	气派科技	0.20	5.53	18.71	2022-06-23	首发原股东限售股份,首发战略配售股份
688008.SH	澜起科技	5.93	408.80	52.37	2022-07-22	首发原股东限售股份
688012.SH	中微公司	2.87	364.04	46.64	2022-07-22	首发原股东限售股份
688099.SH	晶晨股份	1.98	211.65	48.17	2022-08-08	首发原股东限售股份
688001.SH	华兴源创	3.61	108.74	82.14	2022-07-22	首发原股东限售股份
688002.SH	睿创微纳	1.89	80.59	42.35	2022-07-22	首发原股东限售股份
688368.SH	晶丰明源	0.46	73.64	72.73	2022-10-14	首发原股东限售股份
688019.SH	安集科技	0.32	69.80	42.39	2022-07-22	首发原股东限售股份
688268.SH	华特气体	0.85	60.40	70.88	2022-12-26	首发原股东限售股份
688037.SH	芯源微	0.39	57.05	46.61	2022-12-16	首发原股东限售股份
688123.SH	聚辰股份	0.37	40.15	30.52	2022-12-23	首发原股东限售股份
688018.SH	乐鑫科技	0.35	37.65	43.33	2022-07-22	首发原股东限售股份
688138.SH	清溢光电	1.85	28.29	69.43	2022-11-21	首发原股东限售股份
688300.SH	联瑞新材	0.33	25.23	38.01	2022-11-15	首发原股东限售股份
688286.SH	敏芯股份	0.02	1.10	4.12	2022-06-15	首发原股东限售股份
688981.SH	中芯国际	0.67	30.60	1.66	2022-07-18	首发战略配售股份
688182.SH	灿勤科技	0.26	3.92	6.50	2022-11-16	首发战略配售股份
688536.SH	思瑞浦	0.01	3.30	0.75	2022-09-21	首发战略配售股份
688508.SH	芯朋微	0.01	1.06	1.25	2022-07-22	首发战略配售股份
688608.SH	恒玄科技	0.01	1.02	0.51	2022-12-16	首发战略配售股份
688699.SH	明微电子	0.01	0.97	1.25	2022-12-19	首发战略配售股份
688595.SH	芯海科技	0.01	0.87	1.25	2022-09-28	首发战略配售股份
688256.SH	寒武纪-U	0.01	0.78	0.30	2022-07-20	首发战略配售股份
688521.SH	芯原股份-U	0.02	0.76	0.31	2022-08-18	首发战略配售股份
688106.SH	金宏气体	0.04	0.75	0.80	2022-06-16	首发战略配售股份
688589.SH	力合微	0.01	0.56	1.35	2022-07-22	首发战略配售股份
688230.SH	芯导科技	0.01	0.55	0.97	2022-12-01	首发战略配售股份
688135.SH	利扬芯片	0.02	0.51	1.25	2022-11-11	首发战略配售股份
688596.SH	正帆科技	0.03	0.50	1.00	2022-08-22	首发战略配售股份
688313.SH	仕佳光子	0.02	0.24	0.50	2022-08-12	首发战略配售股份
688052.SH	纳芯微	0.01	3.96	1.21	2022-10-24	首发一般股份,首发机构配售股份
688120.SH	C华海	0.01	2.85	1.12	2022-12-08	首发一般股份,首发机构配售股份
688072.SH	拓荆科技-U	0.01	2.16	1.12	2022-10-20	首发一般股份,首发机构配售股份
688048.SH	长光华芯	0.02	1.92	1.46	2022-10-10	首发一般股份,首发机构配售股份
688110.SH	东芯股份	0.05	1.72	1.05	2022-06-10	首发一般股份,首发机构配售股份
688261.SH	东微半导	0.01	1.61	0.95	2022-08-10	首发一般股份,首发机构配售股份
688220.SH	翱捷科技-U	0.02	1.40	0.48	2022-07-14	首发一般股份,首发机构配售股份
688327.SH	云从科技-UW	0.04	1.23	0.59	2022-11-28	首发一般股份,首发机构配售股份
688234.SH	天岳先进	0.02	1.03	0.41	2022-07-12	首发一般股份,首发机构配售股份
688262.SH	国芯科技	0.03	0.95	1.05	2022-07-06	首发一般股份,首发机构配售股份
688213.SH	思特威-W	0.02	0.90	0.47	2022-11-21	首发一般股份,首发机构配售股份
688153.SH	唯捷创芯-U	0.02	0.84	0.40	2022-10-12	首发一般股份,首发机构配售股份
688270.SH	臻镭科技	0.01	0.70	1.00	2022-07-27	首发一般股份,首发机构配售股份
688259.SH	创耀科技	0.01	0.67	1.00	2022-07-12	首发一般股份,首发机构配售股份
688279.SH	峰岹科技	0.01	0.63	1.07	2022-10-20	首发一般股份,首发机构配售股份
688206.SH	概伦电子	0.02	0.56	0.46	2022-06-28	首发一般股份,首发机构配售股份
688209.SH	英集芯	0.02	0.50	0.47	2022-10-19	首发一般股份,首发机构配售股份
688173.SH	希荻微	0.02	0.48	0.42	2022-07-21	首发一般股份,首发机构配售股份
688325.SH	赛微微电	0.01	0.46	1.02	2022-10-24	首发一般股份,首发机构配售股份
688045.SH	必易微	0.01	0.44	0.96	2022-11-28	首发一般股份,首发机构配售股份
688126.SH	沪硅产业-U	2.40	58.81	8.82	2022-09-05	定向增发机构配售股份

图 10-12　部分在科创板上市的集成电路企业

为什么 2021 年芯片短缺：芯片的经济属性

2021 年 02 月 26 日，CCTV-2 财经频道播报了经济信息联播《破解“缺芯”困局：抢占份额，半导体企业开启扩产加速度》。2021 年 11 月 08 日，CCTV-13 新闻频道播报了的新闻观察《“缺芯”瞄准盟友，“美国优先”再现》。2021 年 4 月 12 日，美国白宫主持召开半导体大会（视频会议），讨论如何解决当下美国芯片短缺问题。自 2020 年年底开始的芯片大缺货，到了 2021 年更是愈演愈烈。受芯片不足的影响，2021 年 3 月 29 日，蔚来汽车合肥工厂停产 5 天，成为国内首家因缺芯被迫暂停生产的新能源车企。无独有偶，2021 年 4 月初，美国通用汽车宣布因为芯片短缺，三家工厂将停产或减产一至两周。在通用之前，福特、丰田、大众、本田等都因为芯片短缺减产。汽车行业目前生产 1 辆电动汽车需要 1000 多颗芯片，即使是最基本的汽油动力汽车也要 100 多个芯片，制造商没有足够的芯片只能被迫停产，这抑制了许多国家的经济复苏。据不完全统计，2021 年全年，全球汽车市场减产了 1050 万辆汽车，汽车行业收入损失了数十亿美元。全球半导体产业已经相当成熟，为什么一下子就“缺芯”了呢？

第一个原因：芯片需求普遍增加

首先是以中国为先锋的全球第五代移动通信 5G 建设启动。仅我国，2021 年 5G 手机出货量就达 2.66 亿部。市场咨询机构预计 2022 年全球 5G 手机出货量将达到 7.1 亿部，2023 年对 5G 手机的需求还要加大。其次，2021 年全球传统 PC（台式机、笔记本电脑和工作站）总出货量达到 3.49 亿台，比 2020 年增长 14.8%，达到自 2012 年以来 PC 市场出货量的最高水平。2022 年一季度，传统 PC 市场全球出货量虽同比下滑 5.1%，但仍出货 8050 万台，连续第 7 个季度超过 8000 万台。最后，2021 年全球服务器行业出货量也从 2014 年的 925 万台上升至 1353.9 万台。2021 年中国服务器市场出货量达到 391.1 万台，领涨全球。此外，智能汽车、工业 4.0、医疗等领域的芯片需求也很旺盛。

第二个原因：芯片产能结构失衡

近年来出于经济效益考虑，全球新增的晶圆制造厂大都采用的是 90 nm 以下的 12 英寸（1 英寸=2.54 cm）先进工艺，国内多为 55～28 nm，国际多为 10 nm、7 nm 或更先进的工艺。12 英寸生产线投资巨大，建成一座 3 nm 工厂的投资约为 100 亿美元。新增或扩产的 90 nm 以上 8 英寸先进工艺晶圆制造厂很少，主要的制造生产设备基本退市。而全球的 6 英寸晶圆线基本是“关停并转”趋势。应用在汽车、消费电子领域还有 MCU、功率器件、传感器上的很多芯片都是基于 8 英寸晶圆工艺生产的。汽车智能化和新能源化两方面都需要不同类型的芯片。目前我国新能源汽车的保有量已经超过 1000 万台，2022 年销量预计将达到 500 万辆，而 1 辆汽车对芯片的需求就折合一片 8 英寸的晶圆。因此，随着新能源芯片需求“暴增”，短时期内 8 英寸晶圆比 12 英寸晶圆更加一片难求。

第三个原因：物流不畅

由于政治、新冠疫情、地区冲突等因素，本已高度全球化的集成电路产业链在人员、技术、材料、设备、产品等方面的正常流通受阻。中国芯片严重依赖进口，而中国又是全球第一大电子制造基地，所有因素叠加到一起之后，造成全球芯片大缺货，从汽车芯片到全产业链全线缺货，而这个状况，需要相当长一段时间才能缓解，毕竟芯片制造有着非常严格的工序和稳定设计订单需求。不过我们看到一线晶圆厂已经开始实施新一轮的建厂扩产计划了。

何谓硅知识产权：芯片就是知识产权，知识产权就是芯片

芯片是把一定数量的常用电子元器件（如电阻、电容、晶体管等）以及这些元器件之间的连线通过半导体工艺集成在一起且具有特定功能的电路。在产

品定义及以后各个阶段，商业秘密就伴随着芯片从生到亡。早期的产品定义和前端代码实现等本身就是商业秘密和软件著作权；后端实现成果体现为集成电路设计版图。在芯片设计和工艺制造中的新颖性、独创性、实用性创作，则可以转化为授权专利，并获得长达二十年的排他性保护。因此芯片有掩模版、封装体、开发板等物理实物形态。也有设计代码、图纸、开发工具软件、产品手册等虚拟代码和IP核形态。还有商业秘密、集成电路设计版图、专利、著作权、标准等知识产权或法律法规形态。对知识高度密集的集成电路产业来说，芯片就是知识产权，知识产权就是芯片，此言不虚。

我们这里从专利方面展开介绍。近年来，在集成电路领域，美国从2006年以来每年的公开专利总量维持在3万～3.5万件左右，我国企业持有的美国专利数量不多。在中国，集成电路领域专利年度公开数量已经开始超过美国。2020年度中国集成电路领域专利公开数量在4万件以上，同比增长13.7%。从整体来看，83%的专利由中国权利人申请，17%由国外权利人申请，和2019年度相比持平。从专利的类型来看，77.7%的专利是发明专利，20.8%的专利是实用新型专利。

从2020年中国集成电路领域专利技术分布情况看，设计技术相关专利数量最多，其次是制造和封测技术。国外权利人在设计、制造和封测技术分支的专利数量占比分别达18%、20%、8%，可见国外权利人对中国集成电路市场相当重视。

2020年中国集成电路领域排名前二十的专利权人中，中国权利人共有15个，其中包括4个科研院所，5个中国（不含台湾地区）主要的集成电路制造企业和1个电子信息龙头企业。前二十中的国外权利人有5个，可见国外权利人在中国集成电路领域专利布局的前瞻性。

中国十大集成电路设计企业持有美国专利超过100件的仅有5家（取自中国半导体行业协会2019年企业销售额统计情况发布）。半导体制造领域在华落地的国外企业更重视在美国的专利布局，但同时在中国也有数量较多的专利；而中国（不含台湾地区）半导体制造领域的主要企业更侧重在中国本土的专利布局，在美国的专利占比很小，甚至无美国专利布局。中国封装测试企业的专利申请数量不及制造企业，公开的美国专利数量少。从上市公司角度看，情况类似，中国集成电路领域的上市公司更重视在国内的专利布局，绝大多数公司在美国等境外的专利数量稀少。

中国集成电路布图设计登记公告统计分析显示，2020 年全国集成电路布图设计专有权申请量有大幅提高，广东、江苏、浙江三省的增长幅度更是超过 100%。广东、江苏和上海保持了集成电路布图设计专有权申请历年累计数量全国领先。美国亚德诺半导体公司（Analog Devices）近年来一直在集成电路布图设计登记中位居国外权利人申请数量的第一名，2020 年相比前一年又增加了 26%，反映了其对中国市场的持续重视，值得有同类产品的公司关注。

专利作为集成电路企业的重要核心资产，除了自身不断积累外，还可以考虑引入国际先进理念，从实体企业中拆分出单独的专利运营公司。近三年来，上海硅知识产权交易中心就参与了十余起与上市集成电路企业相关的知识产权纠纷处理或服务。

中国集成电路发展方向，最好的大学有哪些

集成电路人才强，集成电路产业才强。一国的集成电路人才质量决定了其集成电路产业在全球的地位。2015 年 7 月，教育部等 6 部门公布了首批 9 所建设示范性微电子学院的高校名单，即北京大学、清华大学、中国科学院大学、复旦大学、西安电子科技大学、上海交通大学、东南大学、浙江大学和电子科技大学。与此同时，还公布支持 19 所高校筹备建设示范性微电子学院，后来也都正式批准建设。这 19 所高校是，北京航空航天大学、北京理工大学、北京工

业大学、天津大学、大连理工大学、同济大学、南京大学、中国科学技术大学、合肥工业大学、福州大学、山东大学、华中科技大学、国防科学技术大学、中山大学、华南理工大学、西安交通大学、西北工业大学、厦门大学和南方科技大学。以上共计 28 所高校的微电子学院（见表 10-1）基本代表了我国高校微电子专业的最高水平。

2020 年底，《国务院学位委员会 教育部关于设置“交叉学科”门类、“集成电路科学与工程”和“国家安全学”一级学科的通知》，决定设置“集成电路科学与工程”一级学科（学科代码为“1401”）。“集成电路科学与工程”一级学科的建设内容将紧扣集成电路产业链各环节的主要任务，致力于解决集成电路设计、集成电路制造与工艺技术以及集成电路封测各个环节的核心科学与工程技术问题。它是一门以集成电路为对象，具体研究从半导体材料、器件，到芯片设计和制造工艺，再到封装、测试和系统应用的学科。它既是在物理、化学、数学、材料等基础学科上发展起来的应用为主的学科，更是以电子科学与技术、光学工程、机械工程、自动化等应用学科为支撑的战略性新兴学科。

表 10-1　28 所国家示范性微电子学院所在大学

序号	学校名称	序号	学校名称
1	北京大学	15	同济大学
2	清华大学	16	南京大学
3	中国科学院大学	17	中国科学技术大学
4	复旦大学	18	合肥工业大学
5	西安电子科技大学	19	福州大学
6	上海交通大学	20	山东大学
7	东南大学	21	华中科技大学
8	浙江大学	22	国防科学技术大学
9	电子科技大学	23	华南理工大学
10	北京航空航天大学	24	中山大学
11	北京理工大学	25	西安交通大学
12	北京工业大学	26	西北工业大学
13	天津大学	27	厦门大学
14	大连理工大学	28	南方科技大学

2021 年初，教育部公布了全国首批新增“集成电路科学与工程”一级学科博士学位授权点名单，名单中包括 18 所高校（见图 10-13）。华北：北京大学、清华大学、北京航空航天大学、北京理工大学、北京邮电大学、中国科学院大学；华东：上海交通大学、南京大学、东南大学、南京邮电大学、浙江大学、杭州电子科技大学、厦门大学；华中：华中科技大学；华南：华南理工大学；西南：电子科技大学；西北：西北工业大学、西安电子科技大学。而早在 2019 年 9 月，复旦大学收到国务院学位委员会办公室《关于支持复旦大学开展“集成电路科学与工程”一级学科建设的函》，2020 年便已试点建设并启动了博士研究生招生。

首批新增“集成电路科学与工程”一级学科博士学位授权点名单

1 北京大学	10 浙江大学
2 清华大学	11 杭州电子科技大学
3 北京航空航天大学	12 厦门大学
4 北京理工大学	13 华中科技大学
5 北京邮电大学	14 华南理工大学
6 上海交通大学	15电子科技大学
7 南京大学	16 西北工业大学
8 东南大学	17 西安电子科技大学
9 南京邮电大学	18中国科学院大学

图 10-13 全国首批新增“集成电路科学与工程”一级学科博士学位授权点名单

产教融合、职业教育奏响集成电路人才培养新篇章

集成电路既需要研究型人才，也需要管理型人才，更亟需大批工程型人才。为了大批输送人才，2015—2020 年间教育部批准 66 所本科高校新增了“集成电路设计与集成系统”和“微电子科学与工程”等集成电路专业。而芯片企业对工程型人才的需求更迫在眉睫，产教融合、职业教育则是两个加速引擎，推

动学校教育更加直面企业需求，企业需求也倒推教育改革，同时企业人员在岗进修、终生学习。

国家集成电路产教融合创新平台项目是国家相关部委为贯彻落实全国教育大会精神，统筹推进“双一流”建设和深化产教融合改革，加强集成电路等“卡脖子”技术领域人才培养，加快关键核心技术攻关的重要举措之一。国家发改委、教育部按照“面向产业集聚科学规划布局、面向一流学科突出扶优扶强、面向协同创新深化产教融合、面向区域需求促进共建共享”四个原则，对部分中央高校申报的国家集成电路产教融合创新平台进行了项目评审和遴选，清华大学、北京大学、复旦大学、厦门大学为首批入选高校；电子科技大学、南京大学、西安电子科技大学、华中科技大学则是第二批入选的高校。

集成电路高技能人才基地建设、国家职业技术技能标准中的“集成电路工程技术人员”（职业编码：2-02-09-06）等机制性安排，是促进专业技术人员提升职业素养、补充新知识新技能，实现人力资源深度开发，推动经济社会全面发展的一条“阳光大道”。上海集成电路人才培养基地率先建设了较完整的实用人才培训体系。上海硅知识产权交易中心等实施单位，开发建设包括课程、师资、管理、授课、实训、考试等在内的全链条式的培训体系。开发完成集成电路前后端专业课程 15 门、视频 1 万分钟，组建了一支由数十名企业一线技术经理组成的稳定教师队伍，搭建了独立的网络培训平台和教育专用实训环境。课程包括《数字电路综合设计仿真》《数字电路布局布线（PR）设计仿真》《IC系统级设计仿真》《现场可编程门阵列（FPGA）及异构系统的软硬件设计》《芯片可测试性电路（DFT）设计仿真》《模拟集成电路设计仿真》《集成电路版图设计》《Tanner 模数混合集成电路设计》《运算放大器电路设计仿真》等。为上海及长三角地区百余家集成电路企业和张家港、嘉兴、鹰潭等地提供高质量的集成电路人才培训服务，相关服务内容也被列入了工业和信息化部先进制造业集群名单，是名单中唯一一个集成电路产业集群项目。

百花齐放：中国芯片的时代舞台

历史的风云际会，已让中国半导体产业走到了舞台中央。数据表明，1 元集成电路产值将带动 10 元左右电子产品产值和 100 元左右的国民经济增长。从历史发展进程来看，全球半导体产业伴随电子产业变迁，经历了两次产业转移后，现在正在进行向中国（不含台湾地区）为主要目的地的第三次转移。第一次转移是 20 世纪 70 年代从美国本土转向日本，索尼、松下、东芝等日企在这轮浪潮中脱颖而出；第二次转移从 20 世纪 80 年代末延续到 21 世纪头十年，韩国和中国台湾地区后来居上，以三星、台积电、联发科为代表的企业崭露头角。现在，全球半导体第三次转移浪潮，4G、5G、AIoT 时代来临，以及我国成为全球电子产业制造基地，都为中国半导体产业更上一层楼提供了时代大舞台。

半导体器件种类繁多，细分起来十分复杂。从国产厂家市占率看，大致有 3 个台阶：10%左右，5%左右和低于 1%。从一个公司的成长阶段来看，低于 1%的市占率还是初创阶段（努力突破），有 5%左右市占率算是初步立住了脚跟（奋力追赶），而大于 10%则表示在市场上已具备一定的竞争力（登堂入室）。在我国从制造大国向制造强国转变的过程中，芯片是支撑和底牌，中国芯片将从登堂入室、奋力追赶到努力突破，三线齐发力。

第一类，登堂入室。国产芯片在 LED、CIS、NOR 闪存等市场的份额都在 10%以上，其中 LED 驱动芯片占全球 60%以上的份额。综合来看，该领域市场的总量在 900 亿美元左右，中国厂商占了约 16%。这些器件使用比较成熟的工艺生产（多数是微米或亚微米工艺），使用 6 英寸或 8 英寸晶圆，少数使用 12 英寸晶圆。代表性企业有三安光电、韦尔半导体、格科微、兆易创新、歌尔、汇顶、矽力杰、安世和华润微等。

第二类，奋力追赶。国产芯片在 MCU、显示驱动、消费类 ASIC/ASSP（SoC）等领域有 3%～7%的市场份额。海思是这一领域的佼佼者，在被限制之前曾一度占到相当大的份额。该领域市场总量在 1700 亿美元左右，中国厂商占到 4%左右。这些器件的制造需要比较成熟和先进的工艺，使用 8～12 英寸晶圆。代表性企业有海思、中兴微、展锐、兆易创新和集创北方等。

第三类，努力突破。国产芯片长期在 CPU、GPU、NAND 闪存、DRAM 等领域的市场占有率低于 1%。该领域在半导体市场中总量最大，在 2100 亿美元左右。制造这一类型的芯片，通常使用最先进的制程（<28 nm），而且国际上的同行也多是巨型 IDM 类型，单个工厂的投入都在百亿美元以上。2021 年以来，海光、龙芯、长存、长鑫等企业厚积薄发，目前市占率接近或超过 1%，但整体依然有很大提升空间。

综合来看，国产半导体厂商目前只在小部分领域（约 20%的全球市场）立稳了脚跟，成为新晋的竞争者，而在大部分市场还处于弱势。三种市占率的划分，一定程度上也与国内晶圆制造水平直接相关。在国内晶圆制造和产能相对充足的领域，国产芯片表现更好一些。反过来说，晶圆制造水平和产能对国内芯片企业的支持，也是未来决定国内半导体产业发展快慢的一个重要因素。

半导体产业的塔尖之争，不仅是一个产业的突围，更是中国迈向制造强国的通行证，是争夺第四次工业革命胜利果实的“芯希望”。从更广大的视野观察，中国芯片产业的战略冲刺已广泛推进，而能否承接第四次工业革命的历史使命，也将影响未来的国运。

国家的期盼

习近平总书记多次在考察企业时指出：“我国已经成为世界第二大经济体，

过去那种主要依靠资源要素投入推动经济增长的方式行不通了，必须依靠创新。”“我国是世界第二大经济体，但还有不少短板，一些产业的基础还不是很牢固，进一步发展必须靠创新。”集成电路作为信息科技的龙头，习近平总书记在不同场合多次特别提及，予以了殷殷期盼。

2018 年 4 月，习近平总书记来到武汉新芯集成电路制造有限公司，察看集成电路生产线，了解芯片全流程智能化制造和加快国产化进程等情况。2020 年 8 月，习近平总书记在合肥主持召开扎实推进长三角一体化发展座谈会，指出加大科技攻关力度。创新主动权、发展主动权必须牢牢掌握在自己手中。三省一市要集合科技力量，聚焦集成电路、生物医药、人工智能等重点领域和关键环节，尽早取得突破。2022 年 6 月，习近平总书记在湖北省武汉市考察时强调，科技自立自强是国家强盛之基、安全之要。考察期间，习近平总书记专门听取湖北省光电子信息产业发展及核心技术攻关情况介绍，仔细察看芯片产业创新成果展示。

在当今纷繁复杂的国际关系和数字经济大潮中，集成电路产业的战略性、基础性、先导性地位进一步凸显。芯片作为信息技术产业高速发展的基础和原动力，已经高度渗透与融合到国民经济和社会发展的每个领域，其技术水平和发展规模已成为衡量一个国家产业竞争力和综合国力的重要标志之一。因此，我们应倍感荣幸处于这样一个百年未有之大变局中，重视创新的决定性作用，努力使集成电路产业实现弯道超车，回应总书记和时代的期盼。